固体材料电子结构与
化学性质

〔英〕P. A. Cox 著

张洪良 王 婧 吴 锐 译

科学出版社

北京

图字：01－2019－6843 号

内 容 简 介

电子结构是固体性能的基础。本书从化学研究者的角度介绍了无机固体材料的电子结构及其对固体电学、磁学和光学等性质的影响。前三章主要讲述固体材料的化学键、电子结构的模型及先进的光电子能谱技术。第4~6 章介绍能带理论、半导体、绝缘体、莫特绝缘体的本质和电子强关联效应、电声子相互作用、超导电性等。最后一章介绍固体材料缺陷、掺杂及在光电转换方面的应用。

本书适合材料科学等领域学生学习，也可供相关科研人员阅读参考。

图书在版编目（CIP）数据

固体材料电子结构与化学性质／（英）P. A. 考克斯（P. A. Cox）著；张洪良，王婧，吴锐译. —北京：科学出版社，2020. 11

书名原文：The Electronic Structure and Chemistry of Solids

ISBN 978－7－03－066378－8

Ⅰ. ①固…　Ⅱ. ①P…　②张…　③王…　④吴…　Ⅲ. ①固体一无机材料一电子结构②固体一无机材料一化学性质

Ⅳ. ①TB321

中国版本图书馆 CIP 数据核字（2020）第 197771 号

责任编辑：许　健／责任校对：谭宏宇
责任印制：黄晓鸣／封面设计：殷　靓

科学出版社 出版

北京东黄城根北街 16 号
邮政编码：100717
http://www.sciencep.com

南京展望文化发展有限公司排版

广东虎彩云印刷有限公司印刷

科学出版社发行　各地新华书店经销

*

2020 年 11 月第 一 版　　开本：B5（720×1000）
2024 年 1 月第八次印刷　　印张：13
字数：255 000

定价：120.00 元

（如有印装质量问题，我社负责调换）

译 者 的 话

本书作者 P. A. Cox 为牛津大学化学系教授，现已退休。Cox 教授长期从事固体化学、材料物理方面研究。1980~2000 年，与著名锂电池专家 John Goodenough 发表多篇领域内有影响力的学术论文。著作有 *The Electronic Structure and Chemistry of Solids* 和 *Transition Metal Oxides: An Introduction to Their Electronic Structure and Properties* 等。其中 *The Electronic Structure and Chemistry of Solids* 是基于 P. A. Cox 教授在牛津大学化学系多年教学和科研的成果而写成的，是从化学的角度理解固体电子结构的经典之作。作者省去了传统固体物理书籍里诸多抽象的数学公式，用易于理解的化学物理模型描述电子结构。译者在读本书的时候对许多概念也有豁然开朗的感觉。虽然本书写成于 1987 年，但鉴于当时固体电子结构的理论已经成熟，除少数涉及应用的例子之外，内容并无过时。另外，近年来无机功能材料在电子、能源等领域具有越来越广泛的应用；而材料的电子结构决定其性能。从原子、分子尺度理解并调控电子结构是实现原创性科研成果的源头。本书极为适合从事材料物理、太阳能电池、光电催化等方向的研究生、年轻科研人员参考。

The Electronic Structure and Chemistry of Solids（译为《固体材料电子结构与化学性质》）主要介绍无机固体材料的电子结构及其对固体电学、磁学和光学等性质的影响。前三章主要讲述固体材料的化学键、电子结构的模型及先进的光电子能谱技术。第 4~6 章介绍能带理论以及在理解半导体、绝缘体、莫特绝缘体的本质方面的应用和电子强关联效应、电-声子相互作用、超导电性等一系列固体的电子性质。最后一章介绍固体材料缺陷、掺杂及其在光电转换方面的应用。

受译者水平所限，书中难免有翻译不当或错误之处，敬请读者批评指正。

序　言

　　长期以来,人们普遍认为固体的电子结构和性质应该是物理学研究的范畴。而化学家更多关注分子的电子结构,却很少涉及对固体性质的探讨。然而随着固体化学的发展,尤其是具有各种奇异性能的新型固体的发现,人们对固体中的电子性质及其化学键本质产生了浓厚的兴趣。许多关于固体的前沿研究都是由化学家和物理学家共同合作完成,且合作正在逐渐打破传统学科之间的壁垒。尽管有了这些发展,但两学科人员在深入沟通方面仍存在相当多的问题,主要原因是很多化学家没有系统学习固体物理相关的概念。虽然当今有许多优秀的固体物理参考教材,但固体物理涉及较多的数学推演,而对化学家所感兴趣的具体固体材料体系却讨论不多。鉴于此,本书试图填补两者之间空白,将采用化学家更为熟悉的概念来展示固体中的电子结构性质。本书将主要结合化学家更感兴趣的具体案例对固体电子结构进行描述性的讲解,尽量避免抽象的数学推导。同时,鉴于能谱技术,尤其是光电子能谱技术在表征固体中电子能级结构信息的重要地位,本书也将对其进行重要介绍。

　　本书的前三章将介绍固体电子结构的基本概念,适用于具有一定无机化学背景的本科生,或作为固体电子结构的入门课程。读者可以跳过关于固体介电特性的内容。后面的章节则涉及更为复杂的固体材料,适合研究生或高年级本科生。本书的最后几章才涉及能带理论比较严谨的推演。能带理论将着重介绍基于LCAO或紧束缚的能带模型:一方面这两种方法对比较熟悉分子轨道理论的化学家来说更容易理解,另一方面这两种方法也是普遍应用的方法。尽管化学家对能带理论的概念较为陌生,但对他们来说应该可以在没有太多理论背景的情况下阅读这一章节。为了更好地理解书中的知识,读者需要对复数有基本的了解。许多读者可能觉得这一章是最难的。不过虽然在后面的章节中会用到本章中一些概念,但并不需要读者详细理解这些概念的理论基础。因此,可以在第一次阅读时先忽略第4章。事实上,能带理论在描述诸多固体材料所表现出的奇特性质上的应用是存在局限的。所以,本书的最后三章将对能带理论不适用的情况进行讨论。这些都是当前化学家和物理学家的研究热点,如金属绝缘体转变、混合价态化合物、一维导体和"分子金属"以及表面和缺陷性质等。

　　本书是由我在牛津大学所讲授的本科生和研究生课程讲义基础上所发展而来的。感谢所有参加过课程的学生和同事。他们的批评和鼓励帮助我厘清了如何更好地呈现讲授的内容。其他的一些同事也通过与我在各自专业领域中的许多富有启发性的讨论为此书的出版间接地作出了贡献。Peter Day 和 John Goodenough 对本书后半部分的选题做出了突出贡献。我还必须感谢那些阅读了全部或部分手稿的人：Allen Hill（他提出了宝贵的非专家观点），牛津大学出版社的工作人员。最后，我要感谢我的妻子 Christine 和孩子们，感谢他们认为出版这本书是一项有价值的成就，谢谢他们对我的鼓励和支持。

P. A. Cox 于牛津
1986 年

本书中单位的说明

现代科学实践中，所有涉及静电和磁性的公式大都采用国际单位制。更熟悉厘米·克·秒(c.g.s.)单位的读者可通过 $\varepsilon_0 = 1/4\pi$ 进行换算。正文和图表中的能量都是用电子伏特(eV)为单位。唯一的例外是从文献中引用的一些吸收光谱，采用的是光谱学家更常用的单位——波数(cm^{-1})。书中提到的一些基本常数的值如下：

e	电子电荷	1.602×10^{-19} C
m	自由电子质量	9.110×10^{-31} kg
ε_0	真空介电常数	8.854×10^{-12} F/m
μ_0	真空磁导率	$4\pi \times 10^{-7}$ H/m
μ_B	玻尔磁子	9.274×10^{-24} A · m^2
eV	电子伏特	1.602×10^{-19} J 或 8 065 cm^{-1}
k	玻尔兹曼常量	1.381×10^{-23} J/K
		8.617×10^{-5} eV/K
h	普朗克常量	6.626×10^{-34} J · s
$\hbar$	$h/2\pi$	1.055×10^{-34} J · s

目　　录

第1章 简　介

1.1　固体的重要性

绝大多数的元素单质及其化合物在室温下都是固体,因而针对固体结构和性质的研究在化学学科中具有举足轻重的地位。从化学的发展来看,价电子理论是理解现代化学的基础,因此研究固体的电子结构变得尤为重要。同时,固体电子结构决定了固体所表现的诸多物理性质,比如:

导电性:金属和半导体的性质。

光学性质:光的发射与吸收、光化学反应。

磁学性质:顺磁性、铁磁性和反铁磁性。

表界面性质:特别是涉及电子从一种物相转移到另一种物相的界面性质,如电化学。

固体材料的许多应用都是基于固体中电子的性质。例如,集成电路、激光、太阳能转换等器件都是以对固体中电子的调控为基础。本书的主要目的是理解电子结构的基本原理,同时也会涉及一些器件应用方面的内容。许多固体中电子的性质均可以通过化学键来理解。的确,固体所表现出的电学性质的多样性即反映了化学键的多样性。本书各章节的目标之一就是探索固体性质与化学键之间的内在关联,并且展示如何利用化学图像来深刻理解固体的电子结构性质。电子结构的某些方面是固体特有的,可能包含一些对只有化学背景的人来说相对陌生的概念。在本书中我们尽可能将固体看作是一个"非常巨大的分子",并且通过拓展分子电子理论,达到理解固体性质的目的。

绝大多数的固体都以晶体的形式存在。晶体中的原子或分子排列长程有序。本书中如无特别说明,默认所讨论的对象为晶体。然而,还有相当一部分固体并不具备长程有序性,处于无序非晶态。传统处理固体电子结构的方法依赖于晶体中原子的有序排列,因而当对象为无序材料时则会束手无策。而基于化学键的方法主要着眼于原子局部键合对电子结构的影响。在许多非晶固体中,如硅酸盐玻璃,原子的局域环境在很大程度上与晶体体相中的相同。因而,无序度对电子结构性质的影响并不大。基于这一原因,本书仅在第4章中才明确要求所讨论的固体必须是具有长程有序的晶体。另外,晶体中的缺陷和杂质会改变原子局部的配位环境。固体表面原子的配位数比晶体内部的低。因此,缺陷、杂质和表面对固体的电子性质都会产生重要影响。本书将在第 7 章中对这些因素进行详细的讨论。

1.2 固体的化学分类

从化学的角度,可以根据原子(离子)间的键合力的类型将固体分为以下四类:分子晶体、离子晶体、共价晶体、金属晶体。每一类的例子如表 1.1 所示。

表 1.1 简单固体分类和例子

类 别	实 例
分子晶体	Xe、N_2、苯(C_6H_6)、$HgCl_2$
离子晶体	NaCl、MgO、CaF_2
共价晶体	C(金刚石)、P、SiO_2、GaAs
金属晶体	Na、Fe、Cu

1.2.1 分子晶体

这类固体是由纯粹的原子或分子组成。原子和分子间通过较弱的范德瓦耳斯力结合。因而,它们一般具有低的沸点和升华能。对于非极性原子和分子,其主要的相互作用是伦敦色散力(London dispersion force),其源于分子中原子运动所引起的瞬间偶极子的相互作用。两个距离为 R 的原子或分子间的势能为

$$E_{disp} = -(3/16\pi\varepsilon_0)h\omega_0\alpha^2/R^6 \tag{1.1}$$

式中,α 为电子极化率;$h\omega_0$ 为平均电子激发能。由于色散力是无方向性的,且随着距离的增加而急速衰减,所以这种作用力倾向于使分子尽可能地聚集在一起。因此,具有较高对称结构的原子或分子(如氙分子和氮分子)会形成密堆积结构的晶体。而对于对称性小的分子(如苯),形成的晶体并不呈现明显的密堆积结构。然而沿着垂直苯分子平面的晶轴方向(图 1.1),可以看到苯分子有两种不同的取向。计算结果表明,在首先避免苯环上氢原子之间相互排斥力的前提下,苯的这种晶体结构也可以看作是密堆积结构。

极性分子之间的作用力具有方向性。例如,偶极子之间的静电相互作用使得相邻偶极子的正、负极之间相互吸引。具有方向性作用力的一个典型例子是氢键。图 1.1(b)展示了硼酸[B(OH)₃]的晶体结构,其中包含由氢键结合在一起的片状分子。氢键也可以与后面讨论的其他相互作用共存,特别是在含有水或羟基的离子晶体中。

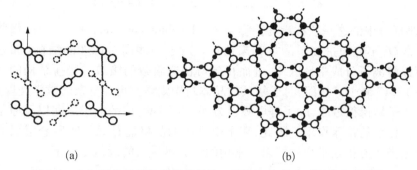

(a)
(b)

图 1.1 （a）苯分子晶体的晶格结构：沿着含有苯分子平面的晶体轴
（Adams，1974）；（b）硼酸的晶格结构（Wells，1984）

1.2.2 离子晶体

在离子模型中,成键是由原子之间发生了电子转移后所形成的离子间的静电力所产生的。带电荷 z_1 和 z_2 的两个离子间的相互作用势能由库仑定律给出：

$$E_{\text{Coul}} = z_1 z_2 e^2 / (4\pi\varepsilon_0 R) \tag{1.2}$$

$1/R$ 的依赖关系表明该作用力为一种长程力,因此仅考虑近邻离子之间的相互作用是不够的。例如,在图 1.2 所示的岩盐(NaCl)结构中,每个阳离子(Na^+)在距离为 r 处有 6 个最近邻阴离子(Cl^-),在 $\sqrt{2}r$ 处具有 12 个次近邻阳离子,在 $\sqrt{3}r$ 处有 8 个第三近邻阴离子,以此类推。因此,一个离子所受到的束缚能与它和所有离子的库仑相互作用有关：

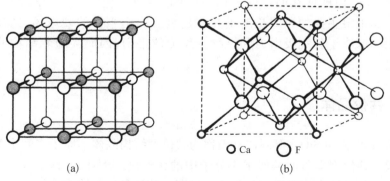

○ Ca ○ F

(a)
(b)

图 1.2 （a）岩盐晶体结构(NaCl)；（b）萤石晶体结构(CaF_2)
（Wells，1984）

$$-e^2(6 - 12/\sqrt{2} + 8/\sqrt{3} - \cdots)/(4\pi\varepsilon_0 r) \qquad (1.3)$$

"/"左侧括号中的这一项称为马德隆常数(Madelung constant, A_M)。这个级数收敛为一个常数,不能通过简单的求和来估计。对于一些高对称性的结构(如岩盐结构),可以将离子分成中性区块,进而得到可快速收敛的级数。岩盐结构的马德隆常数是 1.747 56…。然而,对于复杂的晶体结构则需要更加复杂的数学处理方法。

当离子靠得很近时,除了静电吸引力外,离子深壳层的电子之间以及原子核之间还存在相互的排斥作用。因此,离子模型中的晶格能是离子间库仑吸引力和离子间近程排斥力相互平衡的结果。常用的计算排斥力的近似公式是

$$E_{rep} = B/R^n \qquad (1.4)$$

其中,B 和 n 是对应于给定离子对的常数,n 通常为 6~9。晶格能的最终形式是由吸引项和排斥项相加得到。能量极小值和对应的离子间距可通过求微分获得。这样,式(1.4)中的常数 B 被消掉,从而得到计算离子晶体晶格能的公式:

$$U_{lat} = -N z_1 z_2 e^2 A_M (1 - 1/n)/(4\pi\varepsilon_0 r) \qquad (1.5)$$

对于许多卤化物和氧化物等离子型固体,该方程所计算的晶格能与从玻恩-哈伯循环中得到的实验值吻合得非常好。

静电库仑力倾向于让每个离子被尽可能多的带相反电荷的离子包围,这样可以使晶体结构更加稳定。由此,能量最低的晶体结构看似是马德隆常数最大的结构,即具有最大配位数的结构。然而事实上,配位数的多少还会受到正、负离子半径大小的限制。例如,在岩盐结构中,每个离子被其他六个离子包围形成一个八面体结构。如果离子尺寸比小于 0.414,小尺寸离子(一般是正离子)与大尺寸离子(一般为阴离子)不能接触,若与大尺寸离子接触,排斥力大,晶体不稳定。在这种情况下,离子将重排,降低配位数。**离子半径比规则**对预测离子晶体的结构有一定的指导意义,但即使在简单的固体中(如碱金属卤化物),这个规则也存在一定局限。其中最主要的原因是离子并非是具有固定半径的硬球体。实际上,离子间的距离取决于长程吸引力和近程排斥力的平衡,因此会随着结构的不同而发生变化。

1.2.3　共价晶体

金刚石和石英(SiO$_2$)等固体常被称为共价键结构晶体。原子之间由共价键结合在一起。共价键本质上类似于小分子中的化学键。例如,金刚石中 C—C 键的键能和键长与烷烃中的键能和键长几乎相同。共价晶格的结构也是由分子中类似因素决定。这在周期表中ⅣA、ⅤA、ⅥA族的非金属元素中尤其明显。这三个主

族的元素中,第一行的元素 C、N 和 O 是个例外,其中 C 形成石墨和金刚石结构,其他两个形成由双原子分子 N_2 和 O_2 组成的分子晶体。这主要是由于第一行元素比较倾向于形成多重键(如双键、三键),同时它们构成的化合物也倾向于形成多重键(如氧化物、氮化物)。其他行的ⅣA 至ⅥA 族非金属元素均成单键。例如ⅣA族的 Si、Ge、Sn 为四面体金刚石结构;ⅤA 族为三角锥结构;ⅥA 族元素为两配位结构。图 1.3 展示了这些共价晶体结构的两个例子。可以用**"8-N 规则"**来预测这些共价键非金属固体中的配位数,即第 N 主族的元素形成共价晶体时,配位数一般是 8-N 个。随着最外层电子数的增加,可用的原子轨道数减少,配位数就会逐渐降低。以ⅤA 族的元素为例,一对电子更倾向于形成非成键轨道(孤对电子),从而只有三个电子与邻近的原子形成共价键。

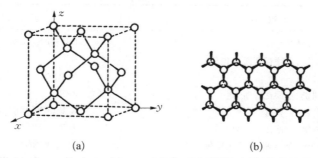

(a)　　　　　　　　　(b)

图 1.3 (a) 金刚石;(b) ⅤA 族元素 P、As、Sb 层状
结构的共价晶体(Wells, 1984)

1.2.4 金属晶体

金属晶体的特征是晶格位点上的金属离子共享离域化的自由电子。

一般而言,那些电子数目小于成键轨道数目的元素倾向于形成金属晶体。就像在缺少电子的分子中一样,最稳定的状态是通过尽可能多地共享电子来实现的,而不是利用原子对中局域的成键电子。在如图 1.4 所示的结构中,金属倾向于形

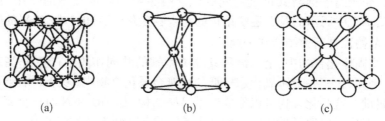

(a)　　　　　　　(b)　　　　　　　(c)

图 1.4 金属结构。(a) 立方密排结构(面心立方);
(b) 六方密排结构;(c) 体心立方结构

成密堆积结构或近密堆积结构。然而,决定金属结构的具体因素非常复杂,而且依赖于各结构中成键轨道的能量分布的细微差别。由于讨论这些问题需要用到能带理论,我们将在第4章讨论金属的结构。

1.2.5　更复杂的晶体

上面的讨论仅代表理想情况下的键合类型。然而,实际中的晶体拥有更复杂的化学键。它们往往同时具有上述的几个或全部成键类型,如表1.2中列举的一些例子。我们将在后面的章节中对其中一些固体进行详细的讨论。

表 1.2　一些具有多种键合类型的晶体

成 键 种 类	例 子
离子键和共价键共存	CdS、TiO_2、$CsAu$
离子键、共价键、范德瓦耳斯力共存	CdI_2
离子键、金属键	NbO、TiO
离子键、金属键、范德瓦耳斯力	$ZrCl$
离子键、共价键、金属键	$K_2Pt(CN)_4Br_{0.3} \cdot 3H_2O^a$
共价键、金属键、范德瓦耳斯力	石墨
离子键、共价键、金属键、范德瓦耳斯力	$TTF:TCNQ^b$

a. 本书图 6.1 显示了其结构。
b. 本书图 6.9 显示了其结构。

在许多化合物中(如硫化镉),金属和非金属元素之间的电负性差异较大。因而,尽管电荷不能完全转移,键合却具有一定程度的离子键性质。因此,这种固体成键类型介于离子键和共价键之间。同样的道理也适用于含有较高价态的离子化合物,如 TiO_2。虽然这种离子模型在分析很多化合物时非常有效,但并不是总能反应电荷实际分布,且不能囊括所有情况。一个非常有趣的例子是 $CsAu$。虽然它是由两种金属元素组成的化合物,但它本身并不表现出金属态,而需要用 Cs^+Au^- 离子模型来表示。

有时,介于离子键与共价键之间的化学键也会与其他类型的作用力相结合。例如,在图 1.5 中所示的具有层状结构的化合物碘化镉(CdI_2)中,相邻的碘原子平面间通过范德瓦耳斯力结合在一起。

在一些固体化合物中,金属键和其他类型键的共同作用会产生一些奇特的电子性质。例如,在一些金属氧化态较低的过渡金属化合物中,多余的电子可以形成金属-金属键。这些化合物可以形成三维晶格结构(如 TiO 和 NbO),金属键在结构中占主导,形成金属原子链或层。在图 1.5(b)所示的 $ZrCl$ 的结构中,双层的锆原子层间存在金属键。层内的氯原子之间可能存在离子键,不同层的氯原子间存在

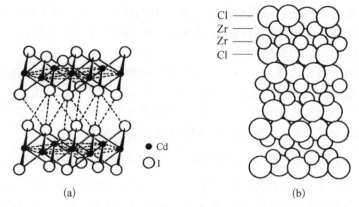

图 1.5 层状化合物。(a) CdI_2 结构 (Wells, 1984);(b) ZrCl 的
双层状结构 (来源于 R. E. McCarley. In. *Mixed-valance
compounds*. D. B. Brown (ed). D. Reidel, 1980)

范德瓦耳斯力。非局域金属键甚至可能出现在分子固体中,例如,由四硫富瓦烯
(tetrathiafulvalene, TTF)和醌二甲烷(tetracyanoquinodimethane, TCNQ)形成的化合
物 TTF:TCNQ 中。而且两种成分之间存在电荷转移,这使它又具有一定程度的离
子键成分。这将在第 6 章中通过固体电子结构进一步讨论。

以上这些例子表明,一些固体中键合可能相当复杂,而且很难用"第一性原
理"给出令人满意的解释。不过,我们通常可以使用"化学键的思维"对固体的重
要电子性质做出初步判断。

1.3　固体中的电子行为

1.3.1　原子、分子和固体中的轨道

化学家对分子和固体中成键的描述主要是基于原子轨道的概念。例如,通过
求解薛定谔方程可获得氢原子的轨道模型。然而,需要特别注意的是,在处理多电
子体系时需要采用一系列近似。由于电子-电子之间存在排斥力,电子实际上是以
一种相互关联极为复杂的方式运动。理论上,可以利用数值计算的方法精确地求
解多电子体系中原子轨道的薛定谔方程。然而,由于体系中电子的数量极多,这种
数学求解极其复杂,往往不能反映实际的化学图像。因此,在轨道模型中,一般采
用近似来处理电子之间的排斥力,即假设电子的运动是相互独立的。因此,对于多
电子的原子,原子轨道也可以通过求解薛定谔方程获得,而方程中的电势可近似成
原子核的吸引力和其他所有电子的平均排斥力共同作用的结果。虽然是近似,但

该方法可以成功地解释元素周期表中元素性质的规律。分子和固体轨道的电子排布规则与原子核外电子排布所遵循的泡利不相容原理、能量最低原理、洪德定则等类似。我们将这些规则总结如下：

（1）泡利不相容原理：同一个轨道上只能容纳两个自旋相反的电子。

（2）轨道简并度和能级顺序。原子有一个 s 轨道、三个 p 轨道和五个 d 轨道。多电子原子中不同轨道的屏蔽效应（即由于内层电子的存在，原子核对更外层电子的静电力减弱的现象）导致各轨道能级的能量有如下关系：

$$1s<2s<2p<3s<3p<4s<3d$$

（3）基于以上的能级顺序和简并度，可以利用构造原理（Aufbau principle）构造电子在各能级的排布，即电子按照轨道能级由低到高的顺序依次排布。

（4）当电子填充到能量简并的原子轨道时，可以根据洪德定则决定电子的排列。最重要的定则是：不同轨道上的电子尽可能保持自旋平行，这种排列可以使电子之间的静电斥力最小。

同样地，也可通过精确的数值计算得到分子轨道，即分子轨道（molecular orbital，MO）理论。但通常情况下，分子轨道也可以用原子轨道线性组合（linear combinations of atomic orbitals，LCAO）来近似描述。最简单的例子是氢分子（H_2），它的分子轨道可以被认为是两个 1s 原子轨道的线性组合。根据 H_2 分子对称性，每个 H 原子上的电子密度（即波函数的平方）必须是相同的。因此，两个原子轨道 χ_A 和 χ_B 的可能组合是

$$\psi_1 = \chi_A + \chi_B \tag{1.6}$$

和

$$\psi_2 = \chi_A - \chi_B \tag{1.7}$$

轨道的电子密度如图 1.6（a）所示。我们可以看到 ψ_1 在两个 H 原子核之间的区域有较大电子密度，降低了两个 H 原子核之间的电子排斥力，使体系的总能量降低。因此，ψ_1 对应于一个成键轨道。而在 ψ_2 中，在两个原子核之间电子密度很低。其能量高于孤立原子的能量，ψ_2 则对应于一个反键轨道。更详细的计算表明，H_2 分子中的键合比示意图所显示的复杂一些。原子轨道在形成成键分子轨道（MO）时会发生收缩，这将导致靠近原子核的电子密度增加。然而，没有内层电子的氢原子很可能是个例外。在大多数情况下，氢原子所形成的共价键都可以由轨道重叠所引起的原子核之间的电荷累积来描述。

分子轨道也可以由较重原子的轨道以类似的方式构成。成键作用方式取决于相邻原子间的轨道重叠（即波函数叠加）的程度。两个原子轨道必须满足以下两个条件才能有效地重叠形成分子轨道：

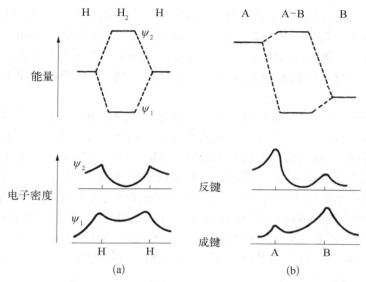

图 1.6 （a）H_2 及（b）异核分子 AB 的分子轨道的电子分布及能量图

（1）轨道能量接近。

（2）轨道对称性匹配。在线形分子中，σ 型轨道和 π 型轨道之间没有相互作用。这是因为对于 σ 型轨道，分子轴沿着其电子密度的极大值方向，而对于 π 型轨道，分子轴沿着其节面方向，节面两侧的波瓣的符号相反。

对于异核分子，两个原子轨道的能级位置对于轨道重叠非常关键。如图 1.6(b) 给出的例子，其中原子 A 和 B 各有一个原子轨道。分子轨道可写成

$$\psi_1 = a_1 \chi_A + b_1 \chi_B \tag{1.8}$$

和

$$\psi_2 = a_2 \chi_A - b_2 \chi_B \tag{1.9}$$

在成键轨道 ψ_1 中，电子云基本集中在轨道能量较低的 B 原子上。当这个轨道被两个电子占据时，就会发生电荷从 A 原子向 B 原子的转移。A 和 B 原子轨道的重叠程度随它们能级差异的大小呈负相关性。可以设想一个极端的情况：当原子能级差非常大，两个原子轨道之间没有重叠，则分子轨道与初始的原子轨道差别不大。这时，基态电荷分布是离子型 A^+B^-，我们称 B 为电负性更强的原子，因为它表现出较强的得电子能力。从原子电离能可以估算其电负性。在图 1.6 中，由于 B 原子的轨道能量比 A 原子的轨道能量低，B 原子的电离能明显高于 A 原子。

通常，原子轨道由芯电子轨道和价电子轨道组成。芯电子轨道一般是满壳层

的,且能级较深。因此,它们对成键的影响很小。然而有时芯电子轨道和价电子轨道的界限并不一定总是很明显。例如,在镧系元素中,部分填充的 4f 壳层从能量角度是价电子轨道。但从轨道电子密度空间分布来看,4f 壳层是高度局域化的,与周围原子几乎没有轨道重叠。因而从这个角度来看,4f 轨道应该被当作芯电子轨道。

在多原子分子中,可以形成多种多样的分子轨道。分子轨道理论强调电子分布的离域性,因此分子轨道通常扩展到组成分子的所有原子上。分子轨道(成键、反键或非成键)总数与参与形成它们的原子价电子轨道总数相同。随着分子变大,分子轨道就会变得越来越多,不同轨道的能量也越来越近(图 1.7)。我们可以把固体想象成一个非常大的分子。扩展到整个固体的分子轨道可以称为晶体轨道(将在第 4 章中详细描述)。严格地说,在有限的固体中,只存在有限数目的晶体轨道,且其数目与所有价电子轨道的数目相同。但由于晶体轨道数目巨大,可以忽略它们之间的能量间隔,从而可以认为固体中形成了连续的能带(图 1.7)。

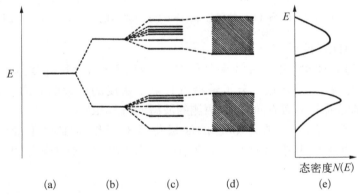

图 1.7　原子(a)、小分子(b)、大分子(c)和固体(d)中的轨道能级;
(e)为(d)所对应的态密度

随着分子变得越来越大,分子轨道也不会均匀地分布在所有的能量上。图1.7(e)显示了一些能量区域是没有分子轨道的,这些能量区域称为固体的禁带。即使在能带内部,某些能量的轨道数目也会比其他能量上的轨道数目多,这就引出了态密度 $N(E)$ 的概念,其定义为: $N(E)\mathrm{d}E$ 是固体单位体积内在 E 到 $E+\mathrm{d}E$ 能量范围内所具有的轨道的数目。显然,在禁带内,$N(E)$ 的值为 0。

在本书的许多地方,我们只是用简单的框图来表示固体的能级,如图 1.7(d)所示。这样的图可以看作是分子轨道向晶体的能带结构的自然延伸。但有些时候包含更详细信息的态密度曲线是必需的。

固体的电子性质取决于其能带的能级、带宽以及它们之间的间隙。我们将在第 3 章讲解能带的这些特征与化学键之间的内在联系。在详细的讨论之前,需要理解如下这一点,即固体的能带宽度与分子中成键态和反键态轨道之间的劈裂一样,取决于相邻原子之间的相互作用强度。价电子 s 轨道和 p 轨道,尤其是元素周期表左边的金属元素的价电子 s 轨道和 p 轨道,会发生强烈的重叠从而形成带宽为几 eV 的能带。而局域化的芯电子轨道的能带宽度非常窄(小于 0.1 eV),这些轨道在固体中保持原来的原子轨道特性,不参与成键。

1.3.2　能带与成键

从表象上看,能带理论所认为的非局域的能带遍布于整个固体的观点与化学角度所认为的电子局限于某些特定原子或化学键上的观点好像是矛盾的。而事实上,这二者并不矛盾,因为这两种方法都有效描述了复杂多电子体系的波函数。为了方便考虑,可以简单地把总波函数分布拆分成单个电子或两个电子对的贡献。由于电子是不可分辨的,所以这种拆分是任意的。

以两个氢原子相互作用的情形为例:一种情形是每个 1s 原子轨道上有两个电子,因而电子构型可以写成

$$(1s_A)^2(1s_B)^2$$

另一种情形是采用如式(1.6)和式(1.7)中所示的分子轨道的线性组合。这样,电子构型由成键轨道和反键轨道上各自拥有的两个电子给出:

$$(\psi_1)^2(\psi_2)^2$$

这两种情形所对应的波函数实际上是相同的。在第一种情形中,把电子分布拆分为局域在原子上的电子对;而在第二种情形中,采用的轨道则是原子间非局域化的轨道。在更复杂的情况下,可以使用所有被填充轨道的任意线性组合,这也不会改变总波函数。对于某些情况,特别是当考虑基态中的成键时,局域描述更有帮助。然而,当处理激发态时,使用非局域轨道的描述(如给出固体中能带),往往能够更准确地给出结果。在大多数情况下,固体的电子特性都可以用能带结构给出解释。在之后章节中,我们将更详细地探讨能带理论和基于局域键合的"化学"观点之间的关系。

以上例子表明:当考虑能带时,组成这些能带的轨道恰是局域化的轨道组合中所采用的轨道。在离子固体中,从局域电子视角来看就是阴离子、阳离子的原子轨道。因而,离子固体中的能带正是由这些原子轨道组合而成的。例如,被占据的能带是由被占据的阴离子轨道构成的,而未被占据的能带是由空的阳离子轨道构成。在共价固体中,同样可以把能带看作相邻原子之间的成键轨道或反键轨道的组合。在分子固体中,能带的概念通常不适用,这是因为分子间的相互作用非常

弱,难以形成能带。不过也有一些特殊分子固体的电子性质是由分子间的相互作用决定的。此时,就是把能带想象成由不同分子的轨道叠加的结果。因此,已占据的能带由已填充的分子轨道组合而成,而空带则由空的分子轨道组合而成。

　　以上所提到的局域和非局域图像的等同的特点是只适用于非金属固体。金属中的电子分布不可能用单个原子或单个键上的电子来表示。在许多分子中也有类似情况,如在金属团簇化合物或硼氢化物中,需要用可以延伸到许多原子上的成键轨道来描述。又如,苯环中的 π 键是非局域的,不能用局域化的图像描述。我们当然可以人为地使用两个局域的凯库勒(Kekulé)结构之间的**共振**来理解,但用非局域分子轨道来描述通常会得到更好的结果。早期的一些研究曾经试图通过考虑原子间可能形成的大量的局域键而将该共振理论用于解释金属的能带结构。然而,这个模型变得非常复杂,且不能解释金属的性质。而用非局域的能带理论能非常好地描述金属。当然能带理论也有它本身的问题:部分填充的轨道中的电子并不总是离域化的。例如,当原子轨道的重叠很小,且能带较窄时,电子将局域在各自原子上。这种现象在诸多过渡金属和镧系化合物中较常见:尽管 d 或 f 轨道是未被填满的,但它们并不表现出金属性。能带理论在这种情况下不适用。

1.4　金属、绝缘体和半导体

1.4.1　金属和非金属固体

　　固体最明显的电子特征是导电性。金属晶体在能够实现的最低温度下依然导电。而非金属固体在较高的温度下才可能具有一定的导电性,且随着温度的降低,导电性逐渐下降。这种区别可以通过图 1.8 所示的能带结构来解释。在第 4 章中将会看到:对于每一个对应着沿某方向运动电子的晶体轨道,都存在另一个与之能量相同但电子运动方向相反的轨道。因此,在一个充满电子的能带中,电子的净运动抵消了,也就不可能有电导。如果一个固体只有满带、禁带和空带,其基态是

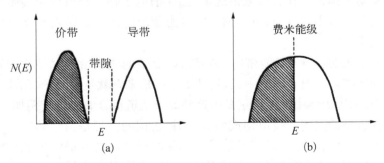

图 1.8　非金属固体(a)和金属(b)的态密度图。阴影部分表示占据态

绝缘的。然而,金属只有被部分填充的能带,没有禁带。因而,当有外加电场时,靠近顶部填充层的电子可以进入那些可以在固体中产生电荷的净运动的轨道,从而产生电流。

该能带结构模型可以用各种光谱、能谱技术测量证实,我们将在第2章详细介绍光谱、能谱技术。除了由于原子振动而产生的红外吸收外,非金属固体一般不会吸收能量低于一定阈值的辐射。在原子或分子中,光的吸收与电子从已占据轨道到空轨道的激发有关(图1.9)。虽然分子吸收带在溶液中测量时可能显得很宽(这是在电子跃迁的过程中被激发的原子的振动造成的),但从气相谱中可以看出,分子轨道能级一般是非常窄的。而在非金属固体中,阈值之后是一个广泛的吸收区域,这表明被占据的和未被占据的电子能级范围都是很宽的。吸收光谱法可以测量禁带宽度。所谓禁带宽度是指能量最高的填充能带(称为**价带**)的顶部和空带(称为**导带**)底部之间的能隙。测量到的禁带宽度在某些离子固体中可以超过 12 eV,而在某些半导体中可以低于 0.1 eV 或更小(1 eV 相当于一个波数约为 8 065 cm^{-1} 的光子的能量;可见光光谱的能量范围为 1.5~3 eV)。由于金属中没有禁带,其光学性质有很大的不同,其电子激发的能量范围可以低至 0 eV。事实上,金属具有很高的光反射率。这是光与金属固体中自由电子强烈相互作用的结果。我们将在 2.4 节中对此进行详细的介绍。

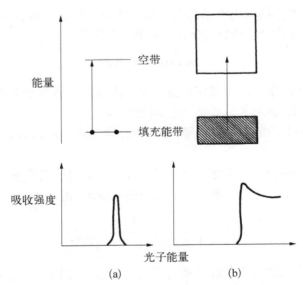

图 1.9 单个原子或分子(a)及非金属固体(b)中最高
占据轨道到最低未占轨道的光学跃迁

带隙大的固体通常具有很高的绝缘性。在 NaCl 或 MgO 等离子固体中,高温下测得的电导率主要来源于离子的迁移,而非电子。一些特殊的固体(如 AgI)甚至具有与电解液相当的离子电导率。但与金属的电导率相比,离子电导率仍然是非常小的。非金属晶体中的电子导电需要电子被激发到导带,如可以通过吸收能量大于带隙的光子,即光电导现象。这一原理已应用在复印机中(见 7.4 节)。如果固体的带隙很小,电子也可以被热激发进入导带。

通过 1.3 节讨论的能带理论和化学键模型之间的关系,我们可以定性地理解为什么许多固体都是非金属的。在离子模型中,价带由已占据的阴离子轨道构成,导带则由阳离子轨道构成。像 NaCl 或 MgO 等离子晶体中,阴离子层被完全占满(如 Cl$^-$ 具有 $3p^6$ 电子构型),而阳离子的轨道是空的(如 Na$^+$ 的 3s 空轨道)。因此,在占满轨道和空轨道之间存在一个能隙。分子固体通常是非金属的,这同样可以用占满的分子轨道(价带)顶部和空分子轨道(导带)底部之间的能隙来理解。当轨道被部分占满时往往会出现一些有趣的电子性质。例如,在许多过渡金属化合物中,过渡金属离子的 d 轨道中会存在一些电子。有时,这会导致一些化合物呈现金属性,如 ReO$_3$,其中 Re(Ⅵ) 具有 5d^1 电子构型。然而,正如 1.3 节所提到的,过渡金属化合物中剩余的 d 电子并不总是像简单能带理论所预言的那样形成离域的能带。

1.4.2　电子的热激发

固体的许多性质都取决于基态电子的热激发。我们知道,在给定温度(T)下处于激发态的原子或分子的数量通常遵从玻尔兹曼分布:

$$n_i \propto \exp(-E_i/kT) \qquad (1.10)$$

式中,E_i 是状态 i 的能量;k 是玻尔兹曼常量。然而玻尔兹曼分布的假设并不适用于电子。对于电子,必须考虑其两个重要特性:

(1)遵循泡利不相容原理,即每一种状态(当自旋方向和轨道都固定时)只能容纳一个电子。

(2)电子是全同粒子,因此在已占据能级之间的电子交换不会导致不同的排布。如附录 A 所示,以上这些性质决定电子遵从费米-狄拉克分布:

$$f(E) = \frac{1}{1 + \exp[(E - E_F)/kT]} \qquad (1.11)$$

函数 $f(E)$ 给出了能量为 E 的能级被占据的比例,并在图 1.10 中绘制了不同温度下的曲线。在绝对零度下,以 E_F 能量为分界,在 E_F 之下的能级被完全占据,在其之上的能级完全为空。E_F 被称为费米能级。在金属中,费米能级就是能带中被填满的最高能级。当温度升高时,费米能级附近的电子被热激发而获得更高的能量,电子分布变得弥散。

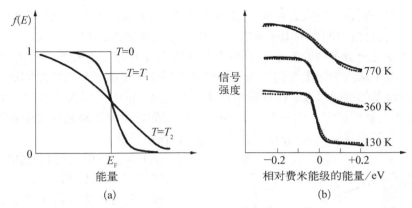

图 1.10　费米-狄拉克分布方程。(a) 绝对零度($T=0$) 及两个温度下($T_2>T_1>0$)的理论曲线；(b) 三个温度下金属钌(Ru)的部分光电子能谱图。其中"……"代表实验数据，"——"代表理论分布

　　费米-狄拉克分布决定了金属的许多性质(如比热容)。这些性质也可以使用光电子能谱技术进行直接测量。如第 2 章所述，这种谱学可以直接测量分子或固体中已占据能级的态密度分布。图 1.10(b)为金属钌晶体在不同温度下的光谱。可以看出：随着温度的升高，能级分布的宽度逐渐增加，与式(1.11)的理论预测十分吻合。分布的总宽度(从一个几乎所有能级都被填满的能量位置到一个几乎所有能级都是空的能量位置的能量区间)大约是 $4kT$。在室温下，它的值约为0.1 eV。由于能带的总宽度一般为几 eV，被热激发的电子的数量只占总电子数的非常小的部分。这一事实对理解金属的许多性质很重要。例如，传导电子对比热容的贡献比经典能量均分定律所预测的要小得多。

　　尽管在绝对零度以上，填充能级和空能级之间的界限不再明显，但费米能级仍然具有非常重要的意义，比如两相之间的化学平衡的条件是化学势必须相同。这个条件也同样适用于电接触固体间的费米能级。这种情况下，电子会从一种固体转移到另一个固体，在接触的位置产生电势差。当固体处于电平衡时，该接触电势必须刚好使这两种固体中的费米能级相同。

1.4.3　半导体

　　半导体是一种非金属固体，它通过电子的热激发而导电，即被热激发到导带上的电子在外加电场作用下迁移，从而产生电流。而且，此时的价带已不再是完全填满的，留下的电子也可参与导电。由于电子在满带中的净运动为零，忽略满带中的电子而只考虑少量空轨道即可计算对导电性的贡献。因此，我们此时可以把原本处于被填满价带中的空穴视为载流子。这一概念将在第 4 章进行更详细的讨论，

届时我们将看到这些空穴是带正电荷的粒子,空穴很像正电子。狄拉克相对论量子理论表明,自由空间中的电子具有一系列允许的负能级,而在正常的"真空"中,这些能级是完全被填满的。正电子本质上是负能级上的一个未被填充的空穴,通过将一个电子从负能级激发到正能级而形成。固体中正电子和空穴之间的主要区别在于所涉及的能量尺度:在真空中产生一个电子-正电子对大约需要 1 MeV 能量,而在非金属固体中产生一个电子-空穴所需要的能量等于跨越禁带所需要的激发能。在典型半导体中,该能量值为 1 eV 左右,甚至更低。

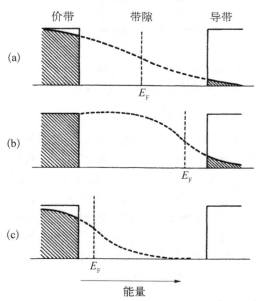

图 1.11 半导体中的费米-狄拉克分布。(a) 本征半导体;(b) n 型半导体;(c) p 型半导体。阴影部分代表占据态

在 1.4.2 节中,我们看到电子的热激发遵从式(1.11)所示的费米-狄拉克分布。要将此方程应用于非金属固体,必须首先确定费米能级 E_F 的位置。在低温下,E_F 代表填充能级和空能级之间的边界,因此在非金属固体中,E_F 必须位于价带和导带之间的某个位置。如图 1.11 所示,这与金属中费米能级位于部分占据的能带内部的情况非常不同。图 1.11(a) 对应于基态中没有电子或空穴的具有理想化学计量比的固体。在任何温度下,被热激发进入导带的电子数必与价带中的空穴数量相同。由于式(1.11)中的 $f(E)$ 给出了能级被占据概率,所以可以用 $f(E)$ 乘以允许能级的数量,得到该特定能量下的实际电子数,即态密度 $N(E)$。在图 1.11(a) 中,价带和导带的态密度是相同的,为了使导带中电子的数目等于价带中空穴的数目,费米能级就必须处在禁带的正中间。当价带和导带的态密度不相等时,则 E_F 的位置必须发生变化,但通常这一变化是非常小的。在纯的固体中,费米能级通常在接近禁带中心的位置。

如果导带底部的能量为 E,有如下关系:

$$E - E_F = E_g / 2$$

其中,E_g 为带隙。除非带隙很窄,否则 $E - E_F$ 通常比 kT 大得多。在这种条件下,式(1.11)分母上的值由指数项决定,受激发电子的数量可以表示为

$$n \propto \exp(-E_g / 2kT) \tag{1.12}$$

因此,电导率表现出类似阿伦尼乌斯的行为,其中活化能等于带隙的一半。的确,在纯度极高的半导体中,电导率表现出这种行为。例如,单质硅的带隙为 1.1 eV,室温下计算的电子和空穴浓度约为 10^9 cm^{-3}。不过,不含任何杂质的固体很难获得。我们将在第 7 章中看到:晶体中的杂质或缺陷会在导带中产生额外的电子或在价带中产生额外的空穴。很明显,只需要非常低浓度的额外载流子就足以主导其电学性质。杂质的影响如图 1.11(b)和(c)所示。n 型半导体中,导带中的电子比价带中的空穴多,因而电子是主要的载流子。而 p 型半导体恰好相反,它的价带中有较多的空穴,空穴是主要的载流子。

从图 1.11 可以看出,电子或空穴是如何使费米能级位置在禁带中移动的。在 n 型半导体中,E_F 更偏向于导带,而在 p 型半导体中,E_F 向价带方向移动。在半导体器件应用中会人为地在半导体内掺入杂质。掺杂引起的额外载流子导致费米能级的移动,这对器件的性能非常关键。我们将在第 7 章中详细讨论半导体的性质和应用。许多化合物都是半导体。特别是在过渡金属化合物中,微小的非化学计量比的偏差都可以提供额外的电子或空穴。

拓展阅读

J. E. Huheey (1983). *Inorganic chemistry* (3rd edn). Harper and Row.

C. S. G Phillips and R. J. P. Williams (1965). *Inorganic chemistry* (two volumes). Oxford University Press.

F. A. Cotton and G. Wilkinson (1980). *Inorganic chemistry* (4th edn). John Wiley and Sons.

以上书目中,前两个含有主要针对固体的章节。以下书目中则更多涉及固体结构相关内容:

F. Wells (1984). *Structural inorganic chemistry* (5th edn). Oxford University Press.

D. M. Adams (1974). *Inorganic solids*. John Wiley and Sons.

A. R. West (1984). *Solid state chemistry and its applications*. John Wiley and Sons.

Wells 所著的书(各个版本)实际上是结构固态化学领域的权威之作。

R. McWeeny (1979). *Coulson's valence* (3rd edn). Oxford University Press.

J. M. Murrell, S. F. A. Kettle, and J. M. Tedder (1985). *The chemical bond* (2nd edn). John Wiley and Sons.

这两本关于化学价理论的书都包含了关于固体的简要介绍。有一些是从物理角度来写固体电子相关知识的书目。一本比较简单的且将物理和化学两者兼顾较好的书为:

B. R. Coles and A. D. Caplin (1976). *Electronic structure of solids*. Edward Arnold.

更详细、更具有针对性的一本书:

W. A. Harrison (1980). *Electronic structure and the properties of solids*. Freeman.

　　最后是一些介绍固体物理(含电子结构及性质)的推荐书籍:

C. Kittel (1976). *Introduction to solid state physics* (5th edn). John Wiley and Sons.

N. W. Ashcroft and N. D. Mermin (1976). *Solid state physics*. Holt, Rinehart, and Winston.

J. S. Blakemore (1985). *Solid state physics* (2nd edn). Cambridge University Press.

R. J. Elliott and A. F. Gibson (1982). *Introduction to solid state physics and its applications*. Oxford University Press.

H. M. Rosenberg (1972). *The solid state* (2nd edn). Oxford University Press.

第 2 章 谱学分析方法

2.1 介　　绍

最直接获取原子、分子和固体中电子能级信息的手段是光谱、能谱技术。光谱、能谱在固体量子理论的发展中起到了至关重要的作用。我们在接下来的几章中将大量使用各种光谱、能谱的结果。因此,本章将首先介绍一些常见的谱学技术及相应谱图的分析。

紫外-可见吸收光谱是目前最为普遍的光谱技术。光谱中的吸收峰是由电子从充满电子的轨道受激发跃迁到空轨道所引起的(固体中则是由满带到空带的跃迁)。我们在第 1 章已经提到,吸收光谱可以用来确定非金属固体中价带和导带之间的能隙。然而,吸收光谱的吸收峰同时依赖于满带和空带的状态,因此很难分辨出不同能级的特征。而 X 射线光电子能谱等技术可以更直接地探测单个能带的信息,因此下面将首先对这些技术进行介绍。

表 2.1 展示了一系列光谱和能谱技术,这些技术涉及电子能量和光子能量的测量。图 2.1 给出了这些技术的原理示意图。图中能量为零的是真空能级,处于该能级的电子恰好能从固体中逃逸。能量范围包括束缚于固体中的电子的能级(结合能位于真空能级以下)以及位于真空能级以上的能级(位于其中的电子可以进入或离开固体)。光电子能谱(photoemission spectroscopy, PES)技术是获得关于填充能级信息的最有效手段。在光电子能谱中,主要通过测量电子离开固体时的剩余动能(真空能级以上的能量)来获得填充能级的信息。反光电子能谱(inverse PES, IPES)可以给出未填充能级的信息[图 2.1(c)],是近几年才被研发出的技术,应用还比较少。本章将首先讨论这些电子能谱测量方法,然后讨论用 X 射线测量两种不同方式的跃迁,即自内壳层轨道的跃迁或至内壳层轨道的跃迁[图 2.1(d)和(e)]。我们还会提到另一种技术,它测量的是从固体中散射的电子的动能损失,可以提供类似于光学吸收谱的信息,且在某些方面可以作为光学吸收谱的补充。最后一节将简要介绍金属的光学性质。

表 2.1　谱学分析方法

方　　法	利用的粒子		获得的信息
	入　　射	出　　射	
光电子能谱	光子	电子	填充能级
反光电子能谱	电子	光子	未填充能级
X 射线发射谱	—	光子	填充能级
X 射线吸收谱	光子	—	未填充能级
紫外-可见吸收谱	光子	—	带隙；缺陷
电子能量损失谱	电子	电子	传导电子

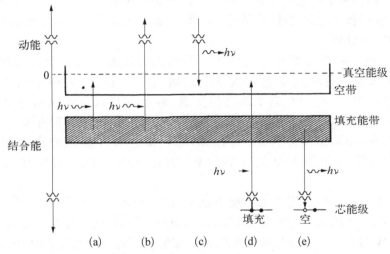

图 2.1　各种光谱技术：（a）可见光/紫外范围内的光吸收；（b）光电子能谱；（c）反光电子能谱；（d）X 射线吸收谱；（e）X 射线发射谱。具有真空能级以上能量的电子可以进入或离开固体,在（b）和（c）所示的技术中展示了固体外真空环境中所测量到的动能

2.2　光 电 子 能 谱

2.2.1　基本原理

　　光电子能谱（PES）技术的本质是将样品（固体或气体中的原子或分子）暴露在一束单能光子中,使样品中的电子发生电离（图 2.2）。被电离电子的能量可以通过光谱仪来检测,从图 2.1（b）可以看出,电子的动能（KE）与样品中电子的结合能（BE）的关系为

$$KE = h\nu - BE \qquad (2.1)$$

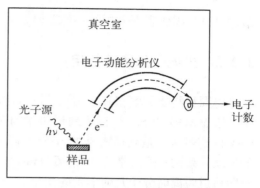

图 2.2　光电子能谱仪的原理图

在气相分子的 PES 中可以观察到一系列的峰，每个峰对应于从特定分子轨道上电离的电子。然而，电离过程中激发的分子振动会导致这些峰可能具有一些精细结构或展宽。在固体中，电子能级在一定程度上会形成较宽的能带，光电子能谱峰的宽度可反映其带宽。因此，一般情况下光电子能谱能够直接测量固体中不同填充能带的绝对结合能和宽度。理论上，光电子能谱可以直接描绘出填充态密度，然而在实际研究中还需要考虑不同的轨道可能具有不同的电离概率，即**电离截面**。因此，光电子能谱中谱带的强度是由构成它们的原子轨道态密度通过电离截面加权得到的。众所周知，原子轨道的电离截面与光子的能量有关，因此可以通过测量不同入射光子能量的光谱来获得构成电子能带的原子轨道的重要信息。2.2.2 节将对此进行说明。

一般情况下 PES 使用的光子是由单色线源产生的。例如，通常使用的 Mg 阳极，其内壳层电子在 X 射线管中受激发而发生跃迁，发射出能量为 1 253 eV 的光子。气体放电还会从原子发射线中产生紫外能量范围内的光子，同样来自原子发射线。最常用的紫外光源是氦灯，其光子的能量为 21.2 eV。同步加速器中高速电子产生的辐射也可用于 PES 测量，但是由于该光源提供的光子能量是连续的，因此在使用前必须首先进行单色化。单色化是通过衍射实现的，可以用光栅来分离紫外区域内光子，或者用晶体来分离出波长较短的 X 射线光子。

在介绍一些具体的例子之前，我们首先看 PES 的一个重要特点。电离过程中产生的光电子（根据入射光子能量，光电子的动能在 10~1 000 eV 范围内）会被固体强烈散射，这种散射使光谱具有一个很强的背底信号，该信号来自于电子逃离固体之前损失的能量，这意味着对光谱有贡献的电子主要来自固体表面 1~2 nm 的薄层范围内。因此，PES 技术被广泛应用于固体表面性质的研究。当需要获得固体内部的电子结构信息时，样品表面必须保持相当高的清洁度，并且要求表面与固体内部的成分和结构相同。由于在原子水平上的清洁通常是很难达到的，为了保持表面不受污染，在光谱测试过程中需要保持超高真空环境（气压一般在 10^{-10} mbar① 左右）。幸运的是，PES 技术本身提供了一种测量表面成分的方法，X 射线能量范围内的光子能激发具有特定结合能的内层电子，因此 X 射线光电子能

① 1 bar = 10^5 Pa。

谱(XPS)是固体表面分析的一种重要方法。

2.2.2　光电子能谱的应用

　　将同种物质的固相和气相光谱进行比较会发现很有趣的现象。图2.3为气态苯及固态苯的 PES。气态苯的谱带源自苯被填充的分子轨道。例如,结合能为9 eV 的谱带来自最高被占据的 π 分子轨道。谱带的结构是由电离过程中所激发的振动导致的:根据弗兰克-康顿(Franck - Condon)原理,振动激发反映了电子从不同轨道脱离时分子几何形状的变化。分子固体中的填充能级与单个分子中的分子轨道密切相关,因此同一种物质的固态与气态的 PES 非常相似。然而由于固体是由许多分子构成的,这两种状态的光谱存在以下两个明显的差异。

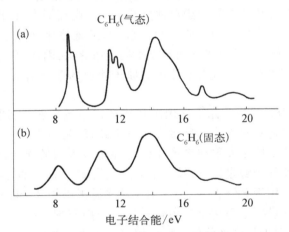

图2.3　苯在(a)气态和(b)固态中的紫外光电子能谱。请注意二者之间的能量偏移。(来源于 E. E. Koch, W. D. Grobmann. In *Photoemission in Solids*. vol. Ⅱ. L. Ley, M. Cardona (eds). Springer-Verlag, 1979: 269)

　　第一,分子固体的 PES 谱带发生了一定程度的展宽。造成这种展宽的一个原因就是电离过程中被激发的晶格振动。大多数晶格振动模式的能量都很低,因此它们在 PES 中不能被一一分辨出来。与在溶液中测量电子光谱一样,它们会引起 PES 的展宽。固体中轨道的重叠也对此有一定的影响,轨道重叠导致了电子能级形成能带,从而得到具有一定展宽的谱带,而不是分子轨道那样锐利的谱线。

　　第二,绝对结合能发生了变化,固态的绝对结合能比气态的低 1.15 eV。这种效应在固体中对许多电子过程都非常重要,我们将在后面章节中进行详细论述。即使在孤立的原子和分子中,对电子结合能的详细计算也必须考虑其他电子对其电离过程的影响。电离会导致轨道形状发生一定程度的变化,把其他的电子吸引到离空穴更近的地方。这种分子内部的效应对气相谱和固相谱的贡献是等同的。但在固体中,电离后留下的空穴还会引起周围分子中电子的极化,从而降低产生空穴所需的能量。由于分子的极化作用,可以将固体看作具有相对介电常数 ε_r 的连续介质,据此可以估算固体中结合能的变化。如果将一个带电量为 q、半径为 r 的球电荷从真空移动到固体上,此时静电极化产生的能量变化为

$$\Delta E_{pol} = -\frac{q^2}{(8\pi\varepsilon_0 r)\left(1-\dfrac{1}{\varepsilon_r}\right)} \tag{2.2}$$

对于局域于原子或分子尺度上的电荷,极化能为 1 eV 量级。

接下来我们将讨论的重点从分子固体转移到金属上。图 2.4 为金属铝的 PES。图中,一个约 12 eV 宽的谱带叠加在一个由被散射电子造成的背底上,该谱带源自金属的导带。由于光电子能谱只能给出占据态的信息,因而金属的光谱在费米能级(最高填充能级)处截止。如图 1.10 所示,根据费米-狄拉克分布函数,高能量分辨率的 PES 可以显示电子是如何被热激发的(注意:图 1.10 所示的能量标度与这里所示的 PES 光谱方向相反。这样做是为了便于与费米-狄拉克分布函数进行比较)。在第 3 章中我们将看到,简单金属的态密度的预测结果与图 2.4 中光谱所示的非常相似。

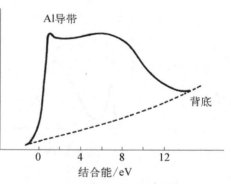

图 2.4　金属 Al 的光电子能谱(来源于 P. Steiner, H. Hoechst, S. Huefner. In *Photoemission in Solids*. vol. II. L. Ley, M. Cardona (eds). Springer-Verlag, 1979:369)

最后一个例子将比较在紫外和 X 射线能量范围内测量的 PES[分别为紫外光电子能谱(UPS)和 XPS]所获得的不同信息。图 2.5 展示了一种更为复杂且有趣的固体化合物($Na_{0.7}WO_3$)的 XPS 和 UPS。X 射线具有足够的光子能量使电子从内壳层或内层轨道电离,$Na_{0.7}WO_3$ 的 XPS 的主要特征是钠(1s)、钨(4f、4d)和氧(1s)的芯能级跃迁所对应的峰,其他峰则是由俄歇跃迁引起的。在俄歇跃迁中,芯能级的电离使原子失去一个电子,同时原子以发射出更多电子的形式降低能量。XPS 证明了芯能级相对来说不受化学键的影响,在分子和固体中

保持与自由原子中一样锐利的峰形。同时,从谱图中可以观察到结合能的微小变化,这些变化可以提供不同原子的氧化态和电荷的信息。然而,由于各种原因,这种信息在具有复杂电子结构的化合物中并不十分可靠,因此我们将不对芯能级结合能作进一步讨论。

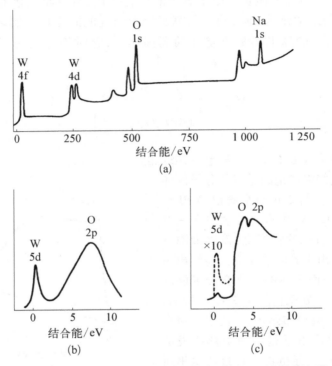

图 2.5　钠钨青铜 $Na_{0.7}WO_3$ 的光电子能谱。(a) 大范围扫描的 X 射线光谱显示了芯能级;(b) 价带的 X 射线光谱显示了 W 5d 和 O 2p 能带;(c) 价带的紫外光谱

从 XPS 谱图[图 2.5(b)]中可以获得价电子的相关信息,而 UPS 技术是分析价电子更为有力的工具。这是因为其射线能量的分布更集中,分辨率更高[图 2.5(c)]。价带能谱中存在两个谱带,处于较低结合能的谱带对应最高占据态,随着光子能量从 1 253 eV 减小到 21 eV,谱带的相对强度也随之降低。在过渡金属化合物的 d 轨道中,通常可以发现类似的谱带相对强度变化的现象,这是由激发光子能量的变化引起的电离截面变化而导致的。后面我们将会看到,钨青铜的最高占据能级主要由 W 5d 轨道组成,正是 d 轨道上的电子使得这种化合物具有金属态。位于较高结合能的能带主要由 O 2p 轨道组成,几乎所有的金属氧化物都在相同的能量处具有光电子信号(O 2p)。

2.2.3　反光电子能谱

　　光电子能谱技术依赖于将固体中的电子进行电离,因此只能显示占据态的信息。空轨道的类似信息可以由最近发展的反光电子能谱技术得到。在该实验中,固体放置于已知能量的电子束中,其中一些电子进入固体,跃迁到导带中的空轨道,同时发射出光子。已知电子初始状态的能量以及发射光子的能量,可以推断出电子所进入的导带的能量。这一过程如图 2.1(c)所示。带电粒子与物质相互作用产生的辐射被称为轫致辐射,因此这种光谱有时也被称为轫致辐射光谱。值得注意的一点是,该过程是光电子实验的反过程,因此被称为**反光电子能谱**。

　　将这两种技术结合起来,可以给出一个完整的能带图,包括占据态和未占据态的信息。图 2.6 所示的是第一过渡系中的一些金属的能带图,光电子能谱和反光电子能谱绘制在相同的能量尺度上,且在费米能级处对齐。在光电子能谱中可以看到能量低于费米能级的态,而在反光电子能谱中可以看到高于费米能级的态。这些组合光谱中间的峰展示了由过渡金属 3d 轨道组成的能带。可以清楚地看到,过渡金属系列按照原子序数从小到大的顺序(从铁到铜),d 带逐渐被填充,并变得更窄。镍的 d 带未被完全填满,在其反光电子能谱中,费米能级之上存在 3d 能级。铜的 d 带是全满的,因此只出现在费米能级之下的光电子能谱中,费米能级所在区域的态密度很低。第 3 章中将详细讨论这些过渡金属电子结构的特征。

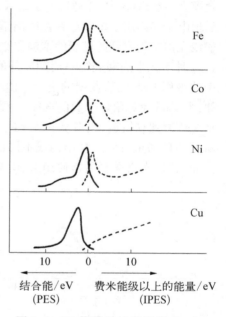

图 2.6　3d 能带的过渡元素 Fe、Co、Ni、Cu 的光电子能谱(实线)和反光电子(虚线)能谱,其上显示了 3d 能带(来源于 S. Hufner, G. K. Wertheim. *Phys. Letters*, 1974, 47A: 349; R. R. Turtle, R. J. Liefeld. *Phys. Rev.*, 1973, B7: 3411)

2.3　X 射 线 光 谱

2.3.1　基本原理

　　原子的内层电子轨道高度收缩,不与分子或固体中的其他原子轨道发生明显重叠。因此,我们认为这些轨道不会因化学键的形成而受到太大的影响,而是保持孤立原子的特性。在上面介绍的 PES 实验中,这一点已经得到了证实。研究发现,与原子价电子轨道较宽的谱带不同,芯能级的谱线是非常明锐的。这一特性可以应用于 X 射线光谱。在 X 射线光谱中,较高的光子能量可以激发芯能级之间或者芯能级与价电子轨道之间的跃迁。如图 2.1 所示,有两种基于 X 射线的光谱技术:X 射线吸收谱(XAS)和 X 射线发射谱(XES)。在 XAS 中,电子从芯能级被激发到固体导带的空轨道上。在 XES 中,先通过电子或 X 射线轰击原子,使其内层轨道产生一个空穴,然后价电子向内层空位跃迁并发射出谱线。由于内层轨道对应的能级非常窄,因而 X 射线光谱中观察到的谱线的结构和宽度可以反映出导带或价带的态密度。

对于元素周期表第一周期以外的元素,可以从不同芯能级的 XAS 和 XES 谱图中获得用 PES 无法获得的信息。由于内层轨道具有原子特征,传统的原子光谱选律,尤其是针对角量子数的选律依然适用。角量子数 $\Delta l = \pm 1$ 之间的电子跃迁,如从 s 轨道到 p 轨道,或者从 p 到 s 或 d 轨道的跃迁是允许的。根据参与跃迁的内层轨道的角动量可以推断出构成不同价电子能级的原子轨道的角动量。在 X 射线光谱命名时,光谱学家通常使用 K、L、M 等符号来表示所涉及芯能级的主量子数,并用下标表示 s、p、d 等轨道。然而,这种命名法却令化学家感到困惑。

2.3.2　X 射线发射谱的应用

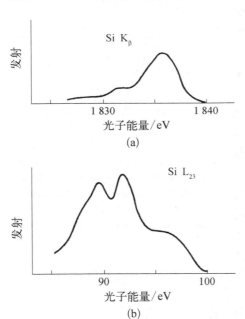

图 2.7　Si 的 X 射线发射谱。(a) Si 的 K 谱线,反映 Si 3p 轨道对填充能级的贡献;(b) Si 的 L_{23} 谱线,反映 Si 3s 轨道的贡献(来源于 K. Lauger. *J Phys. Chem. Solids*, 1971, **32**: 609)

以图 2.7 中单质硅的两个谱图为例,可以了解从 X 射线发射谱中得到的信息。硅的 K 边发射谱来自 1s 轨道上的空位,根据选律,只允许来自 p 轨道的电子跃迁到该空位上。硅的 L_{23} 谱则是由价带的 3s 电子向芯能级的 2p 轨道跃迁产生的,因此可以反映价层能级 s 轨道的信息。可以看出,Si 的占据能带的宽度为 15 eV。硅的价电子轨道是 3s 和 3p,它们都对能带都有贡献。其中,能量较低的 3s 轨道对价带底的贡献相对较大;而能量较高的 3p 轨道对价带顶的贡献较大。在第 3 章中,我们将详细讨论像 Si 这样的具有四面体结构的固体的键合。

从石墨等层状化合物的 X 射线发射谱中能够得到一些非常有趣的结果。根据偶极跃迁的轨道选律可以预测非各向同性固体光谱的角变化。例如,在碳的 K 壳层光谱中,C 2p$_z$ 轨道的跃迁应该在 $x-y$ 平面上表现出最大的 X 射线发射强度,而在 z 轴上没有发射强度。图 2.8 的谱图为与垂直于石墨层平面的 c 轴分别呈 10°和 80°角方向上的 C 的 K 边发射谱。平行于 c 轴的轨道组成的 pπ 能带的发射信号在与 c 轴呈 10°方向的发射谱中含量很少,而由石墨层平面上 2s 和 2p 轨道组成的 σ 能带的信号在两个谱中含量几乎相同。由此可以区分 σ 和 π 轨道对谱图的贡献。很明显,pπ 成键轨道形成了最高填充能级(在发射谱中光子能量最高),而这个能带中能量较低的部分则与 σ 能级发生重叠。

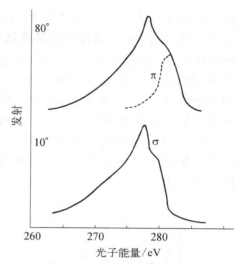

图 2.8 石墨中与 c 轴分别呈 10°(a)和 80°(b)方向的 C 的 K 边发射谱。图中反映了 σ 和 π 轨道分别对占据带的贡献(来源于 H. R. Beyreuther, G. Wiech, Ber. Bunsenges. *Phys. Chem.*, 1975, **79**: 1082)

2.3.3 X 射线吸收谱

与 X 射线发射谱相比,X 射线吸收谱的应用较少。一方面是因为空态的信息不如占据态的信息直接有用,另一方面是因为在昂贵的同步辐射光源得到应用之前,难以找到合适的可变能量的 X 射线源。从图 2.9 可以获得 X 射线吸收谱的谱图信息。从图中可以看出石英(SiO$_2$)与气相 SiF$_4$ 分子的 Si L$_{23}$ 边 X 射线吸收谱非常相似。该吸收谱是由电子从硅的 2p 芯能级向空轨道跃迁产生的。在这两种化合物中,硅都处于一种由电负性更强的元素组成的四面体场中,导致 SiO$_2$ 中导带的能级与 SiF$_4$ 分子中未填充的反键轨道非常相似。这个例子说明,固体即使形成了与石英类似的扩展共价晶格,其电子结构在极大程度上也是由邻近原子间的局域键合相互作用所支配的。

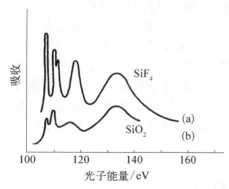

图 2.9 气相 SiF$_4$(a)和 SiO$_2$(b)的 X 射线吸收谱(来源于 A. Bianconi. *Surface Science*, 1979, **89**: 41)

导带中能量很高的电子近乎是自由电子。因此,研究像这样高能状态的电子跃迁的意义不大。事实上,X射线吸收谱可以测量到吸收阈值以上数百 eV 能量的结构,即**扩展 X 射线吸收精细结构**(EXAFS)。EXAFS 是由被激发光电子被周围原子的散射所引起的。出射电子波与散射电子波之间存在干涉效应。在某些能量下,相长干涉增加了吸收辐射的原子的振幅,从而使得吸收增加;在其他能量下,干涉是相消的,使得吸收减少。干涉取决于电子态的波长以及往返于周围原子的路径长度。由于波长可以由导带的动能决定,所以可以根据 EXAFS 光谱中峰的位置得到附近原子的结构信息。EXAFS 技术的一个重要特点是它只对局部原子的配位敏感,不像传统的衍射技术那样依赖于晶体的长程有序性。

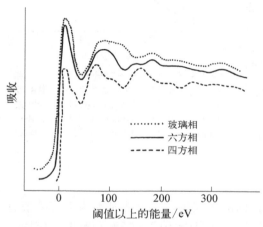

图 2.10 为二氧化锗(GeO$_2$)的两种晶相及玻璃相的 EXAFS 光谱。其中,玻璃相的谱峰出现的位置与六方相(石英)非常接近,与四方相(金红石)则不同。这表明:与石英相类似,玻璃相的 GeO$_2$ 中 Ge 原子可能与周围的四个氧原子配位,而非金红石结构中的六配位。经过进一步分析还可以从中得到键长变化的信息。然而传统的衍射技术则难以获得非晶态固体的这类结构信息。

图 2.10　玻璃相 GeO$_2$ 中 O 的 K 边扩展 X 射线吸收精细结构,以及六方相、四方相晶体中的谱线修正(来源于 W. F. Nelson, I. Siegel, R. W. Wagner. *Phys. Rev.*, 1962, **127**: 2025)

相比于其他光谱技术,X射线发射谱和 X 射线吸收谱都存在一个问题,即难以观测到固体的基态电子能级,只能观测到由电子跃迁引起的扰动后的电子态。在 X 射线谱学中,扰动主要是指 X 射线吸收或发射过程中芯能级上产生的空穴。芯空穴的产生减少了价电子受到的核电荷的屏蔽作用。在某些情况下,如在上面讨论的例子中,芯空穴只对电子结构产生微小的扰动,并不会使结果的解释复杂化。然而在某些情况下,芯空穴会对价电子产生巨大的影响,这时要获取未受扰动的固体电子结构信息是非常困难的。

2.4　光　学　性　质

固体与可见光和紫外辐射的相互作用涉及价电子从满带到空带或部分填充带的跃迁。简单来说,固体的外观光泽可以提供许多关于其电子结构的线索。可见光和紫外光谱的定量测量则提供了关于价带和导带的重要信息。然而,我们测量到的固体的光学性质可能相当复杂,并且可能涉及一些化学家不熟悉的概念(2.4.2 节和 2.4.3 节中的内容并不影响对本书其余大部分内容的理解,在第一次阅读时可以跳过)。

2.4.1　带隙和激发

第 1 章中讨论的最简单的图像表明,在非金属固体中,充满电子的价带和空的导带之间存在一个能隙,只有能量大于该值,光子才会被吸收。对于波长较长的光子,其能量不足以激发电子,会直接从固体中穿过。因此,测量光学吸收的阈值是一种估算带隙的有效方法。图 2.11 为两种物质的吸收光谱:(a)一种典型的绝缘体——氯化钠,其吸收阈值大约是 7.5 eV,位于远紫外区;(b)半导体砷化镓,其阈值是 1.5 eV,位于红外区和可见光区的交界处。

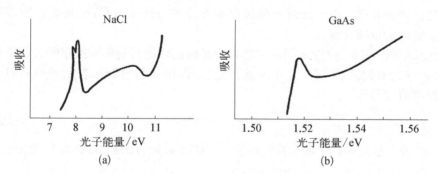

图 2.11　(a)80 K 下测量的 NaCl 和(b)4.2 K 下测量的 GaAs 的光学吸收谱(来源于 J. E. Eby, K. J. Teegarden, D. B. Dutton. *Phys. Rev.*, 1959, **116**: 1099; M. D. Sturge. *Phys. Rev.*, 1962, **127**: 768)

我们在后面章节中提到的关于固体带隙的大部分数据来自与图 2.11 类似的吸收光谱。然而,实际的光学吸收过程比上面叙述更为复杂。图 2.11 所示的两个谱图在吸收阈值处都出现了吸收峰。这些峰是由**激子**引起的,激子是固体的一种激发态。在这样的激发态中,电子没有完全逃逸至导带,仍然受到价带中空穴的静电势的束缚。只有在稍高的能量下,才能产生自由电子和空穴,此时的吸收才对应真正的带隙。并不是所有的固体都具有这样的激子,并且在许多具有这种激子的固体(如砷化镓)中,也只有在低温下晶格振动的展宽效应较弱时才能观察到激子。第 7 章中将详细讨论影响电子与空穴结合的因素,并说明光学吸收可能是由固体中的缺陷和杂质引起的。

当吸收光谱中出现激子或缺陷带时,将很难估计带隙的宽度。得到较为准确的带隙宽度的一种方法是通过减去理论拟合的激子峰形曲线,可以得到真正的带间吸收谱图。另一种方法是,当光吸收导致自由电子和空穴的产生时,会出现**光电导现象**,可以利用光电导现象对带隙进行研究。当电子和空穴由于相互的静电吸引束缚在一起时,会形成一种不导电的电中性实体——激子。利用光电导出现时对应的光子能量,可以提供一个比光吸收更可靠的带隙测量方法。在砷化镓等半导体中,光吸收和光电导的阈值几乎相同,说明在这些材料中,激子峰实际上位于带隙阈值之上。另外,在碱金属卤化物中,激子的束缚能较强,因此光学吸收的阈值可能比真正的带隙低 1~2 eV。

2.4.2　吸收与反射

简单的吸收谱理论只考虑光的吸收和透射,因此仅适用于稀薄气相或稀溶液等体系。固体则表现出对光的较强的**反射**,且通常也只能通过光的反射而非透射来研究固体的光谱。由于反射也是决定固体外观的重要因素,因此研究固体反射率的影响因素也颇有意义。

光从空气(或真空)进入固体时的行为是由固体的折射率 n 决定的。通常情况下,折射率为实数,但在吸收发生的波长处,可以用 n 的虚部来表示吸收系数。因此折射率可以写作:

$$n = n' - \mathrm{i}n'' \qquad (2.3)$$

式中,n' 表示折射率;n'' 表示吸收强度。固体反射光的比例由式(2.4)给出:

$$R = \frac{(1 - n')^2 + n''^2}{(1 + n')^2 + n''^2} \qquad (2.4)$$

由此可见,在折射率 n' 不等于1,或者在 n'' 不为零的吸收区都会发生反射。事实上,当固体对某一频率的光发生强烈吸收,即 n'' 很大时,也会表现出高反射。这种现象在许多固体中很常见。对于带隙很大的非金属,当光能大于其带隙时,即可发生反射;而对于没有带隙的金属,反射的发生只需要很小的光能。以半导体硅为例,其带隙(1.1 eV)位于近红外波段,因而在可见光下表现出很强的反射性,使其具有金属光泽。

通过研究固体复折射率随光子能量的变化关系,可以进一步详细描述固体的光学性质。对于非磁性固体,折射率是相对介电常数 ε_{r} 的平方根。ε_{r} 随光子能量或频率的变化关系称为**介电函数**,它是固体的一个重要性质。介电函数可以由反射或吸收实验推导得到,而且常常随着能量的变化而发生复杂的变化。不过,我们可以通过下面的简单模型来说明其重要特征,该模型可以模拟固体只有一个光学吸收带时的情况。如图 2.12（a）所示，用在弹簧上振动的带电电子表示吸收基团，假设弹簧的力常数会产生一个振动频率 ω_0，电子与周围环境的相互作用使其做特征衰减时间为 τ 的衰减振动。稀溶液或气相中 N 个振荡电子的集合的吸收系数可以表示为

$$\alpha(\omega) = \frac{(Ne^2/\varepsilon_0 m)(\omega/\tau)}{(\omega_0^2 - \omega^2)^2 + (\omega/\tau)^2}$$

$$(2.5)$$

如图 2.12（b）所示，该公式对应以基频 ω_0 为中心的吸收峰。峰宽由衰减控制，约为 $1/\tau$。

现在我们考虑一个固体振荡器阵列，每单位体积内有 N 个振荡电子。每个振荡电子都同时受到来自其他电子的电场以及施加于固体的外电场作用。考虑到这种相互静电作用，固体的介电函数 $\varepsilon(\omega)$ 可以用下式表示：

$$\varepsilon(\omega) = 1 + \frac{\omega_p^2}{(\omega_0^2 - \omega_p^2/3) - \omega^2 + i\omega/\tau}$$

$$(2.6)$$

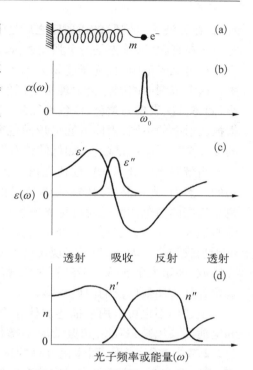

图 2.12　固体介电与光学性能物理模型。（a）用弹簧上的电子模拟一个单独的吸收带；（b）在稀释系统中与（a）中模型对应的吸收谱；（c）固体中，一系列与（a）所对应的介电函数的实部 ε' 和虚部 ε''；（d）折射率的实部 n' 和虚部 n'' 以及理论上固体中发生透过、吸收和反射的频率范围

其中

$$\omega_p^2 = (Ne^2/\varepsilon_0 m)$$

$$(2.7)$$

如图 2.12（c）和（d）所示，此介电函数具有实部 ε' 和虚部 ε''，产生了上面所述的复折射率的概念。图 2.12 大致展示了光的透过、吸收和反射的主要区域，这些区域相互交叉重叠，并且在整个光谱范围内都会存在一定程度的反射。吸收最强的区域对应于介电函数虚部 ε'' 的峰值，在孤立系统中，该峰值相对于 ω_0 来说向能量较低的方向发生了偏移。这种偏移是由于固体中振荡电子与其他电子产生的电场相互作用所导致的。

显然，上面所述的模型是非常理想化的，真实的固体中往往存在一个或几个不同频率范围的光学吸收带。尽管如此，这个模型依然非常有效。从图 2.12 中可以

看出,在长波长(低频)的透射区之后是吸收带,这与 2.4.1 节讨论的带隙或激子相对应。在高频区,首先是一个强反射区,然后才能再次发生透射。固体的外观取决于其在可见光范围内(光子能量为 1.5 ~ 3 eV)吸收和反射的强度。一般来说,带隙在这个范围内的固体会呈现出不同的颜色。在可见光范围内,随着带隙逐渐变小,固体依次表现为黄色、橙色和红色。当带隙小于 1.5 eV(即落在红外区域)时,根据反射率的不同,固体可能呈现深色或闪亮的金属色。在近红外到可见光区域的吸收会使得固体呈蓝色,如低钠钨青铜($Na_{0.3}WO_3$)。

当带隙大于 3 eV 时,固体在可见光区不发生吸收。此时,高质量的晶体是透明的。然而,光在晶体缺陷或粉末样品的微晶表面会发生散射,这就导致了其呈白色。最好的白色颜料是对可见光不发生吸收,但具有高的反射率。这意味着其带隙必须大于 3 eV,且折射率(介电常数)需要尽可能高。图 2.12 中最大折射率刚好低于吸收阈值。因此,为了实现对可见光的最大反射,吸收边缘应尽可能接近可见光区域,即略大于 3 eV。金红石 TiO_2 就是这样的材料,它是一种廉价、无毒、化学稳定并且应用最广泛的白色颜料。

上述模型也可以用来描述固体化合物的振动光谱。此时,式(2.7)中的质量和电荷需要用减振质量和振动原子携带的有效电荷来代替,这一修正公式将在 3.2.2 节中详细介绍。固体化合物的振动光谱通常出现在红外范围内,与光学光谱一样,每个振动模式都有对应的高红外反射区域。考虑到具体原子的运动,反射区上下限对应的频率分别被称为横向振动频率和纵向振动频率。

2.4.3　金属—等离子体频率

金属在最高填充能级以上不存在带隙,因此其最小吸收频率为零。从图 2.12 可以看出,此时高反射区域应该延伸到零频率。将吸收阈值设为零,忽略式(2.6)中分母的虚部,金属的简单介电函数可以表示为

$$\varepsilon(\omega) = 1 - \omega_p^2/\omega^2 \qquad (2.8)$$

式中 ω_p 由式(2.7)给出,称为**等离子体频率**。金属的介电函数如图 2.13 所示。在等离子体频率以下介电常数为负,因此折射率是纯虚数,即 n' 等于零。由式(2.4)可知,此时反射率为 1。相反,在等离子体频率以上,金属将会变得透明。以钠为例,在波长小于 209 nm 的紫

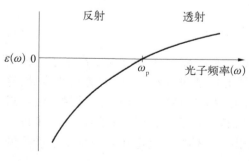

图 2.13　金属的介电函数图。图中显示了等离子体频率(ω_p)及光反射和透射的频率范围

外光下时,其对应的能量 $\hbar\omega_p$ 为 5.8 eV,与式(2.7)得到的结果相吻合。等离子体频率与电子密度 N 有关。对于大多数金属元素,其等离子频率都落在远紫外区。因此,金属的外观与其在可见光区的高反射有关。真实金属中存在许多复杂情况,会导致其在低于等离子体频率下发生吸收。金属的颜色是由于反射不完全而产生的,并且可以在可见光谱中变化。然而,在某些金属化合物中,导电电子的密度可能远低于金属元素,因此其等离子体频率可能落在可见光甚至是红外光区域。以二氧化锡(SnO_2)为例,掺入大约 1% 的锑后就会呈金属态,而低的电子密度使其等离子体频率落在红外区域,因此 SnO_2 对可见光是透明的。

在 2.4.1 节中,我们用不同能级间单个电子的激发来描述光学吸收。这显然不适用于描述金属的光学性质,因为金属的光学性质主要是由导电电子与电磁辐射之间很强的相互作用决定的。由于静电排斥作用,电子之间也存在着很强的相互作用。实际上,式(2.7)给出的等离子体频率对应于一种**集体激发**,其中所有的传导电子都在运动,可以将它想象为一种类似于气体中声波的压缩波,振荡的频率由电子之间的静电斥力决定,这解释了式(2.7)中为何会出现电子密度 N 和元电荷 e。与原子振动一样,等离子体振荡也以 $\hbar\omega_p$ 的能量单位进行量子化,称为等离子基元。尽管等离子基元的能量可以由金属的反射边测量得到,但它们并不能通过光吸收直接激发。不过,金属中的等离子基元可以非常有效地被一束带电粒子(如电子)激发,并且可以明显地在电子能量损失谱中反映出来。在电子能量损失谱实验中,电子束要么通过固体薄膜发射,要么从其表面反射。通过测量散射电子的能谱,可以观察到发生振动或激发的电子对应的损耗峰。

图 2.14 是锑掺杂二氧化锡的高分辨电子能量损失谱,25 eV 的低能电子束被样品表面散射。其中,最强的峰对应于没有能量损失的电子弹性散射,与之接近的较弱的峰则来自振动激发,其能量损失为 0.5 eV,对应于等离子基元,其能量为 $\hbar\omega_p$。与光谱相比,电子能量损失谱能更直接地测量等离子体频率,可以提供有关导电电子的有用信息。例如,在图 2.14 的锑掺杂二氧化锡中,每个锑原子都会向导带贡献一个电子。

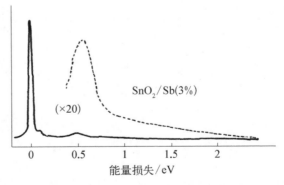

图 2.14　能量为 25 eV 的电子束被掺杂 3%Sb 的 SnO_2 反射回来的能量损失谱。等离子基元对应能量损失为 0.5 eV 的峰(来源于 P. A. Cox, et al. *Solid State Commun.*, 1982, **44**: 837)

拓展阅读

光电子能谱的一般原理及在固体中的应用：

D. Briggs（ed.）（1977）. *Handbook of X-ray and ultra-violet photoelectron spectroscopy*. Heyden.

光谱技术在固体中应用的综述：

P. Day（ed.）（1981）. *Emission and scattering techniques*. D. Reidel.

与本章中所讲材料密切相关的文献是 Cox（光电子能谱）、Wiech（X 射线谱）和 Baer（反光电子能谱或称为轫致辐射谱）。

以下书目所列卷中的文章详细给出了针对不同类型固体的光电子能谱的应用：

L. Ley and M. Cardona（eds.）（1979）. *Photoemission in solids. II. Topics in Applied Physics*, vol. 27. Springer-Verlag.

另一卷关于固体光谱学的讨论中包含一篇 Urch 关于 X 射线谱的文章：

F. J. Berry and D. J. Vaughan（1985）. *Chemical bonding and spectroscopy in Mineral Chemistry*. Chapman and Hall.

固体光学性质的一般描述：

M. V. Klein（1970）. *Optics*, Section 11.2. John Wiley and Sons.

等离子激发及金属光学性质：

C. Kittel（1976）. *Introduction to solid state physics*,（5th edn）, Chapter 10. John Wiley and Sons.

第 3 章 电子能级和化学键

固体电子结构最重要的特征是能带的能级位置、带宽、带隙以及占据态的电子数。我们在第 2 章已经了解到这些信息可以通过各种能谱、光谱测量获得。在本章中,我们将更详细地探讨固体的电子能级结构与化学键的关联。

本章将不再讨论分子晶体,原因如下:分子间较弱的范德瓦耳斯力对分子晶体的电子结构影响不大,分子晶体基本保持与独立单个分子相同的电子结构。分子晶体只有处在激发态时分子间的相互作用才表现出一定的效应(我们将在第 7 章讨论这一点)。此外,也有一类比较特殊的分子晶体,它们之间较强的分子间相互作用能引起金属态的导电性。我们将会在第 6 章讨论这些所谓的“分子金属”的电子特性。本章将重点讨论离子型固体,即固体中化学键的形成伴随着电子从一个原子到另一个原子的转移。

3.1 离 子 晶 体

离子模型可用于预测化合物的生成热,以及简单卤化物和氧化物等化合物的物理化学性质。在这些化合物中,金属与电负性强的非金属结合在一起,电子从金属转移到非金属。所形成固体的价带主要是由非金属阴离子的占据轨道组成,而金属阳离子的空轨道形成导带。基于此模型,我们就很容易理解为什么许多离子化合物是很好的绝缘体。由于每个离子都有封闭的壳层电子构型,使得能带要么是完全满的,要么是全空的。然而,过渡金属化合物的情况则有些不同,需特别考虑,因为在过渡金属阳离子上可能有一个被部分占据的价电子壳层。本章后半部分将重点讨论过渡金属化合物。

碱卤化物是典型的离子型固体。我们将用一个典型例子来详细说明决定离子晶体的占有能级和空能级轨道的影响因素。

3.1.1 氯化钠

氯化钠的形成可以简化地描述成金属钠最外层的价电子(晶体中表现为 Na^+)转移到氯原子(晶体中表现为 Cl^-)的过程。因此,Na 元素的 3s 轨道失去电子,形成最低未占有态(导带),而 Cl 元素的 3p 轨道接受电子从而形成满壳层的 Cl^-。计

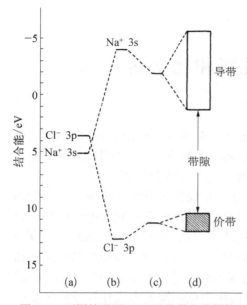

图 3.1 不同情况下 NaCl 的价带和导带能量之差：(a) 自由离子；(b) 在晶格马德隆势场中的离子；(c) 考虑了移走或加上一个电子后静电极化作用的修正；(d) 包含了轨道重叠造成的带宽后的情形

算能隙的第一步(图 3.1)是考虑电子再次转移回来的能量，即下列过程的能量：

$$Na^+ + Cl^- \longrightarrow Na + Cl$$

在气相中，这个反应的总能量是从 Cl^- 拿走一个电子所需要的能量加上把这个电子放在 Na^+ 上所需能量。其中，从 Cl^- 移去一个电子所需要的能量等于 Cl 原子的电子亲和能，而往 Na^+ 上放置一个电子所需能量是 Na 的电离能的负值，因而

$$E_g = A - I \tag{3.1}$$

由此获得的氯化钠的带隙 E_g 是 -1.5 eV。通过类似的计算方法，其他各种离子固体的带隙数值也是负值。这表明在气相中离子构型不如中性原子稳定。

然而对于固体来说，关键的一点是：固体中的离子受到来自周围带相反电荷离子的强静电势场的作用。在 1.2.2 节中已经了解到库仑力是长程作用力，这意味着不仅要考虑近邻离子，还要考虑晶格中较远的离子的电势。就像在简单离子模型中计算晶格能一样，所有连续的离子壳层的势能都包含晶格的马德隆常数 A_M。由此产生的势能被称为马德隆势 V_M，该势能与离子间距 r 有关：

$$V_M = A_M ze/(4\pi\varepsilon_0 r) \tag{3.2}$$

氯化钠的 V_M 值为 9 V，当有带多个电荷的离子如 O^{2-} 存在时，V_M 值进一步增大。阴离子位置的马德隆势为正(对电子有吸引力)，其值为

$$E_B = A + eV_M \tag{3.3}$$

E_B 即为电子在 Cl^- 3p 轨道的束缚能[见图 3.1(b)]。同样该能量在阳离子位置上为排斥能。所以将马德隆电势考虑在内后，固体的带隙值应表示为

$$E_g = A - I + 2eV_M \tag{3.4}$$

由此得到的带隙值为 17 eV。虽然这个值和实验值(9 eV)还相差甚远，但现在至少数值前的符号是正确的。通过上面的推算，我们也可以看到马德隆势对稳定离子电荷非常重要。

　　上述对晶格中离子的描述仍然过于简单化。我们还需要考虑另外两个重要因素。在前面(2.2.2 节)比较气相和固相光电子能谱时我们注意到,当一个电子被移除时,固体中电子的束缚能会由于周围晶体的极化作用而降低。式(2.2)给出了极化能的估算值,在估算时可以近似地认为固体是具有一定介电常数的连续体。该方程预测:在 NaCl 的氯 3p 轨道上形成一个空穴时,极化能为 1.45 eV。在更详细的讨论中明确计算了附近离子的电场及其产生的极化,且只有晶格中较远的离子才近似于极化连续体。即便如此,对 NaCl 的计算结果为 1.55 eV,与之前式(2.2)的估算值差别不大。由于极化能降低了电子的结合能,所以图 3.1(c)所展示的氯 3p 轨道的能量提高了。极化也降低了将一个电子放置在 Na 的 3s 轨道上所需的能量。其降低的幅度稍微大些,大约在 2.5 eV。这是因为作为钠离子近邻的氯离子的极化性更强(相比于氯离子近邻的钠离子)。

　　最后一个必须考虑的影响是相邻离子之间形成能带交叠。光电子能谱测量结果表明 NaCl 的价带(占有态)较窄,宽度小于 2 eV。价带电子的结合能测量值为 10.8 eV,这与不考虑带宽的 3p 能级计算出的 11 eV 吻合得很好。然而,在不考虑带宽的情况下,对带隙的估算仍然比实际值大 4 eV。而由钠 3s 轨道组成的导带则比较宽,至少有 5 eV。价带和导带带宽的差异可以这样理解,氯的 3p 轨道相对紧缩,所以在 NaCl 晶格中不会有太多的轨道重叠。而 Na 3s 轨道则更加弥散,与邻近的离子有广泛的重叠。

3.1.2　一般趋势

　　上述计算证实了氯化钠离子晶体的化学图像:价带顶部由占满的阴离子轨道组成,而导带底部由阳离子的空轨道组成。同时,我们也可发现由于各种因素的影响,对带隙的定量计算仍是相当困难的。以上模型只能对一般趋势进行定性描述。

　　之前关于氯化钠的讨论表明:决定离子固体带隙最重要的因素就是方程 (3.2)给出的马德隆势 V_M。在碱卤化物系列中,阴离子的电子亲和能与阳离子的电离势之差几乎可以忽略不计。图 3.1 中的其他项,如极化和带宽也很重要,但它们就和 V_M 一样,均随离子间距离的增加而减小。综合这些因素,我们可以预测带隙一般会随着晶格参数的增加而减小。图 3.2(a)为碱卤化物的带隙与阴离子-阳离子距离倒数的关系图。我们可以看到:这确实给出了碱卤化物带隙的正确趋势。氟化锂(LiF)在所有固体中拥有最大的带隙,而且无论是卤化物或碱金属离子,当尺寸增大时,带隙都减小。此图清楚地表明了 $1/r$ 马德隆项对这些化合物中带隙的贡献的重要性。

　　图 3.2 还展示了卤化银的带隙。卤化银的带隙与碱卤化物的带隙相差较大。

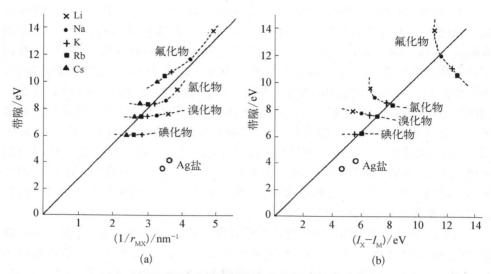

图 3.2　碱卤化物的带隙与阴离子-阳离子距离倒数(a)、
中性原子电离能之差(I_X-I_M)(b)的关系图

银属于后过渡金属ⅠB族。由于4d轨道收缩效应,其5s电离势高于碱金属系列。虽然银的半径和钠差不多,但是钠的电离能是 5.1 eV,而银的电离能是 7.6 eV。后过渡金属盐的特点是其带隙比相应的前过渡金属化合物要小。由于这些带隙可能进入可见光区域的光谱,因而后过渡金属的化合物通常是有颜色的。对于碱金属和碱土金属的相应离子化合物,其间隙都大于 3 eV,在紫外光频段才开始有吸收。

钠和银的比较表明了带隙与原子的轨道能级有关。正如 NaCl 的例子所示,我们不能用卤素的电子亲和能和金属的电离势之间的差值进行比较。然而,上一节的计算结果显示了一件非常有趣的事情:气相原子和离子的电子能级差由于被置于晶格中而抵消。用电离势测量到的带边的最终位置离中性原子的电子能不远。这种抵消当然不精确,但它可以通过以下过程来理解,即首先中性卤素原子形成阴离子,然后再被放入晶格中。卤素的电离势和电子亲和能之间的差异是由阴离子中存在额外的电子排斥造成的。而在晶格中,这种额外的排斥被邻近阳离子的吸引作用所补偿。

图 3.2(b)显示了一些卤化物的带隙与中性原子电离能之差的关系图。当卤素变化而碱金属不变时,趋势是正确的。根据原子的电离能,锂化合物的能隙应该是所有碱卤化物中最小的。然而,由于马德隆势的作用,图中显示它的能隙反而是最大的。相比较而言,银化合物更接近这一趋势。

从这一讨论中可以看出,不同效应的竞争使得带隙的趋势变得更加复杂。对于同一族的碱金属或碱土金属,从上到下来看,最明显的趋势是随着离子半径的增加,马德隆势变小,因此带隙减小。而由原子电离势变化所引起的作用对带隙的改变却很小。沿着卤素族从上到下时,电离势和马德隆势两个因素同时起着关键作用,带隙明显减小。其他族中的阴离子也是如此:如硫化物比氧化物的能隙更小,因此硫化物也更容易呈现各种颜色。在对比前过渡金属和后过渡金属时,金属电离势的增加导致化合物带隙的减小。离子模型对这类化合物已经不大适用,所预测的晶体结构和晶格能也存在相当大的偏差。偏差原因主要来自共价键成分的贡献。因为阳离子和阴离子能级之间能量差异相对较小,可以形成更有效的共价键。在 3.2.2 节将讨论同时具有离子键和共价键的化合物。

　　比较不同化合物能带的带宽变化规律也具有一定的意义。如图 3.3(a)所示,可以用光电子能谱来测量固体价带的带宽。在碱土二氟化物中,从 BeF_2 到 BaF_2,氟的 2p 价带宽度明显下降。从图 3.3(b)可以看出,一系列不同结构的单、二氟化物的带宽与晶格中氟-氟的离子间距有很好的相关性。这表明对价带带宽的主要贡献来自阴离子轨道之间的重叠。重叠的程度随距离的增加而减小。对于较重的卤化物,重叠较少,带宽较窄(1~2 eV)。而对于氧化物(O^{2-} 离子 2p 轨道较离散),价带宽度约一般大于 5 eV。在简单的离子模型中,同种离子间的轨道重叠决定带宽的大小。但随着离子性的降低,阴离子与阳离子之间的共价键重叠也可导致价带和导带带宽的增加。我们将在 3.4 节中讨论共价键也是一些过渡金属化合物带宽的一个重要来源。

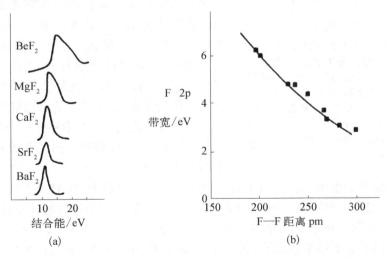

图 3.3　氟化物中 F 2p 价带宽度:(a)ⅡA 族元素 Ba 到 Be 的二卤化物的光电子能谱,展示出随着原子序数的增加价带宽度逐渐减小;(b)单卤化物、二卤化物的带宽随 F—F 距离的变化关系(来源于 P. T. Poole, S. Szajman, R. G. Leckey, J. Liesegang. *Phys. Rev.*, 1975, **B12**: 5872)

3.1.3　d 和 s 轨道占满的阳离子

有些阳离子具有填充的轨道,且其能级与阴离子的填充轨道的能级接近。在这种情况下,价带具体成分需根据具体情况进行分析。一个例子是具有 d^{10} 电子构型的阳离子。光电子能谱测试结果表明ⅡB族元素锌、镉和汞占满的 d^{10} 壳层能量较低,结合能比卤素 p^6 能级大得多。然而,对于一价的铜、银和金阳离子,d^{10} 能级结合能较小,与阴离子的 p^6 能级处于相同的能量区域。一般来说,从实验上直接确定具体能级的位置并不容易。由于不同原子的轨道对不同能量的 X 射线的光截面不同,因此通过不同光能的光电子能谱可以从一定程度上确定价带的组分和能级位置。如图 3.4 所示:AgI 光电子能谱价带能量区域呈现出两个能带,其相对强度随两个不同能量(26.9 eV 和 40.8 eV)有巨大的变化。在较高的激发光能下,金属 4d 光电离截面相对较大。因此,可以判断具有较高结合能的带属于 Ag 4d 轨道,而价带的顶部主要是碘 5p。然而像铜卤化物 CuCl 和 CuBr 一样,这两个能带的顺序是相反的。铜的 3d 电离势小于银的 4d 电离势,铜的 3d 轨道在卤素价带能级以上形成了顶部填充能级。这种差异也在铜和银的不同化学性质有所体现。由于铜的 3d 轨道相对于银的 4d 轨道结合能较低,所以铜更容易氧化成+2 的价态。CuI 的光电子能谱表明,填充的金属轨道能级与阴离子轨道能级非常接近。溶液化学表明:从 I^- 中移去一个电子比从 Cu^+ 中移去一个电子容易。因此 I^- 被 Cu^{2+} 氧化得到 I_2 和 CuI。

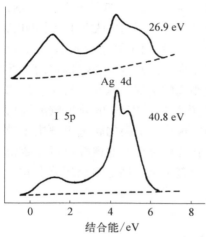

图 3.4　在光子能量分别为 26.9 eV 和 40.8 eV 时测量的 AgI 的光电子能谱,显示出主要的 I 5p 及 Ag 4d 能级。Ag 4d 电离截面在 40.8 eV 光子能量下相对较高(来源于 A. Goldman, J. Tejeda, N. J. Shevchik, M. Cardona. *Phys. Rev.*, 1974, **B10**: 4388)

类似的现象也出现在价态较低的后过渡金属化合物中,其阳离子具有占满的 s^2 电子轨道构型,如有两个 6s 电子的一价铊。使用与 NaCl 相似的计算可以预测:TlCl 中氯 3p 和铊 6s 的结合能应该非常接近,分别为 11.2 eV 和 12.2 eV。事实上,TlCl 的光电子能谱结果显示了一系列结合能介于 10~15 eV 的带,这正是由以上两个原子轨道的不同组合造成的。

价带顶部附近填满的阳离子轨道对固体光学吸收光谱有明显的影响。在大多数离子固体中,电子从价带到导带的跃迁实质上是电荷从阴离子到阳离子的转移。

然而在具有 s^2 轨道构型离子固体中,导带由阳离子 p 轨道组成,光吸收中很大一部分是由原子内 s－p 轨道间的跃迁导致的。

3.2 共 价 晶 体

基于阴、阳离子轨道的离子模型不再适合以共价键为主的固体。在共价键固体中,能级相接近的轨道相互交叠,形成成键轨道和反键轨道。成键轨道被占据,构成价带;而反键轨道通常是空的,构成导带。在此部分我们先讨论简单的非金属单质元素组成的非极性共价键固体,随后将讨论具有一定离子性质的共价键的化合物。

3.2.1 单元素固体

在Ⅳ、Ⅴ和Ⅵ族的非金属元素组成的固体中,原子都由共价键结合。固体的配位数和结构与这些原子所形成的小分子中的配位数和结构非常相似。Ⅳ族固体一般是四面体键合,Ⅴ族是三配位,Ⅵ族是两配位。例如,金刚石(Ⅳ族)中的 C—C 键与乙烷(C_2H_6)等饱和烃中的 C—C 键几乎相同。第一行元素的不同性质,如碳可以形成石墨,氮和氧易形成双原子分子等,可以从这些元素更倾向于形成更稳定的双键或三键来理解。

实际应用最广泛的共价键晶体是Ⅳ族所形成的四面体结构(金刚石结构)的半导体。这些半导体的带隙(eV)如下:

C	Si	Ge	Sn
5.5	1.1	0.7	0.1

由这些元素构成的固体可以看成是原子 s 轨道和 p 轨道的价电子经 sp^3 杂化,由四个杂化轨道形成正四面体结构。虽然分子轨道模型是基于各个原子 s 轨道和 p 轨道组合而形成非定域轨道。然而,正如我们在 1.3.2 节中所看到的,从结果上来看,非定域的分子轨道模型和局域化的原子轨道的线性组合实际上是等价的,都是对电子分布的划分。我们可以用 sp^3 杂化轨道理论来理解四面体固体的电子结构:相邻原子间占据的成键轨道构成价带,反键轨道构成导带。同一族元素中,随着原子序数的增加,所形成的半导体带隙减小。这主要是由于随着原子序数增加,轨道之间的重叠减少导致键强的减弱,以及成键和反键轨道能量劈裂的减小。此外,我们也需要考虑能带带宽的变化。例如,第 2 章的 X 射线光电子能谱(见图 2.7)显示硅的价带宽度为 15 eV。在定域成键模型中,同一原子不同化学键上的电子相互靠近,相互作用产生不同能量,所以产生了能带的宽度。

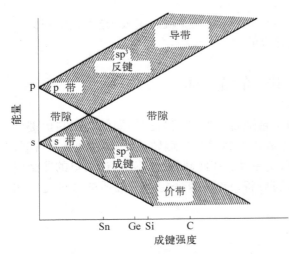

图 3.5　四面体固体中的能带随原子间成键强度的
　　　　变化。底部坐标轴上标示了 C、Si、Ge 和 Sn
　　　　的大致相对位置

图 3.5 展示了四面体固体中的能带随原子间成键强度的变化。横轴表示相邻原子间成键强度。最左边两个能级是孤立原子的 s 轨道和 p 轨道能级。当轨道重叠时，每个原子能级都会形成能带，其中底部是成键，顶部是反键。如果成键相互作用较弱，则每个原子中有一个能量较低的 s 带可以容纳两个电子，而较高的 p 带可以容纳六个电子。随着键合作用的增强，将出现一个临界点，s 和 p 轨道能级接近且相互作用的强度相同。（原子的基态是 $s^2 p^2$ 电子构型。sp^3 杂化轨道首先需要将 s 轨道的一个电子激发到 p 轨道，形成四个 sp^3 杂化的四面体结构。四面体键合从能量的角度是有利的，因为由成键得到的额外的键合强度超过了 s 轨道电子激发到 p 轨道所需的能量）。当相互作用大于图 3.5 中的临界值时，成键能带与反键能带之间存在间隙。在四面体金刚石结构中，每一个原子可以容纳四个电子，所以 ⅣA 族固体的基态将有一个低能量的全部占满的能带（价带）和较高能量的未占有能带（导带）。虽然 s 轨道和 p 轨道看似在 sp^3 杂化成键过程所扮演的角色相同，但是硅的光电子能谱表明：s 轨道和 p 轨道并不是均匀地分布在价带中。从图 2.7 可以看出，s 轨道主要集中在价带的底部，而 p 轨道对价带顶部有较大贡献。

　　从图 3.5 可以看出决定 C、Si、Ge、Sn 等元素固体带隙的关键因素是成键强度和 s、p 轨道的能量分离。这种分离是变化的，但它的变化比成键相互作用要小得多，在 Sn 中几乎为零。因此，Pb 所形成的固体表现出非常有意思的性质。由于它的化学键非常弱，我们可以把它放在图 3.5 交叉点的左边。Pb 的 6s 轨道是被两个电子占满的，由于其成键和反键组合都被占据了，因而 6s 轨道对成键没有贡献。Pb 在 p 带上有两个电子。因此，Pb 所形成的固体也表现出金属性。因为只有 p 轨道上的两个电子参与成键，所以 Pb 价电子数目应该是 2。然而，形成四面体结构是不合理的，因为如果在一个密排结构中，每个原子有四个以上的近邻原子，可以获得更多的成键。图 3.5 中非常接近交叉点的 Sn 表现出金属态。可以看出：在同一族中，元素从上往下带隙减小；在同一族中，序数较大的元素所形成的化合物会表现出二价的价态，尤其 Sn 和 Pb 尤为明显，如 SnO 和 PbO，即所谓的"惰性电子对"效应：化合物的键强度不足以使 s 电子参与成键。

对于后面的 V、Ⅵ族的元素，价带有更多的电子。在此情况下，四面体不再是理想的结构。由这些元素组成的化合物的配位数减少。对于磷等 V 族元素（ns^2np^3），三配位的结构可以用一对非成键的孤对电子的存在来解释。与Ⅳ族四面体固体相比，对 V、Ⅵ族固体的电子结构研究较少，但其主要特征与分子中的非常相似。与Ⅳ族元素类似，导带由反键轨道组成。然而，价带的顶部主要是非成键轨道，由原子上的孤对电子轨道组成（未成键的 ns^2）。沿着同一主族依次向下，带隙减小，并且逐渐表现出金属性。其逐渐表现出金属性的原因与上面所讨论的Ⅳ族固体有些类似。但是，后面几族元素固体的晶体结构比Ⅳ族固体的四面体结构表现出更大的灵活性。

3.2.2　极性键

许多两元固体化合物的成键介于离子键和共价键之间。这类化合物包括两种元素的电负性相差不大的化合物（如砷化镓），以及离子性与共价性混合的后过渡金属卤化物。我们将以 CuBr、ZnSe、GaAs 和 Ge 系列固体为例子进行比较讨论。这些固体有相同的四面体结构和相同数量的价电子。化合物两原子间的电负性差异从前往后依次减小。CuBr 中离子性最强，而 ZnSe、GaAs 中共价性逐渐变强。

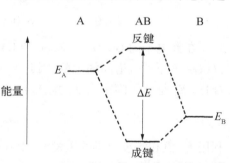

图 3.6　异核双原子分子中成键轨道和反键轨道的形成

这类固体可以通过双原子分子 AB 来介绍。在分子 AB 中，A 和 B 原子的轨道能量存在一定的差异，如图 3.6 所示。假设 E_A 和 E_B 为孤立原子 A 和 B 的原子轨道能，V_{AB} 为它们之间轨道重叠而产生的相互作用能。分子轨道理论表明，形成的成键和反键轨道的能量可通过以下特征方程求解：

$$\begin{vmatrix} E_A - E & V_{AB} \\ V_{AB} & E_B - E \end{vmatrix} = 0 \qquad (3.5)$$

其解为

$$E = (E_A + E_B)/2 \pm \{V_{AB}^2 + (E_A - E_B)^2/4\}^{1/2} \qquad (3.6)$$

因此，能量较高的反键轨道与能量较低的成键轨道的能量差为

$$\Delta E = \{4V_{AB}^2 + (E_A - E_B)^2\}^{1/2} \qquad (3.7)$$

也可写为

$$\Delta E = (E_i^2 + E_c^2)^{1/2} \tag{3.8}$$

其中

$$E_i = E_A - E_B \tag{3.9}$$

E_i 是两原子轨道的能量差,是离子对带隙的贡献。而

$$E_c = 2V_{AB} \tag{3.10}$$

E_c 表示由共价键造成的能级分裂对带隙的贡献。

在共价键较强的固体中,成键轨道和反键轨道形成较宽的能带。固体的带隙是价带顶部和导带底部的距离。然而方程(3.8)不能用来计算带隙。这个方程的实质上是计算两个能带中心的能量差。Phillips 和 van Vechten 展示了如何利用二元化合物吸收光谱中的峰来确定其平均激发能。测量结果已用于估算一系列化合物的 E_i 和 E_c 参数。我们首先确定ⅣA族单质元素固体的 E_c。这些固体没有离子性的贡献。获得的能量值用 eV 表示为

C	Si	Ge	Sn
14.0	6.0	5.6	4.3

在等电子的 Ge、GaAs、ZnSe 和 CuBr 系列化合物中键长几乎没有变化,由于 E_c 也取决于原子轨道间的重叠,因此 E_c 没有多大变化。对于某一元素非等电子的化合物,E_c 是原子间距离 d 的函数:

$$E_c \propto d^{-2.5} \tag{3.11}$$

利用 E_c 值和测量所得的激发能,由式(3.8)可以确定化合物的 E_i。 以上提到的各种材料的 E_i 值(eV)为

Ge	GaAs	ZnSe	CuBr
0.0	1.9	3.8	5.6

E_i 值的变化很好地反映了离子性对轨道分裂的贡献。Phillips 和 van Vechten 通过假设一个化合物 AB,推导出电负性的量级:

$$E_i = X_B - X_A \tag{3.12}$$

其中 X_A 和 X_B 是元素 A 和 B 的特征参数,它们与成键时 s 和 p 轨道的平均能量有关,而与单个原子轨道能量无关。表 3.1 展示了 Phillips-van Vechten 方法获得的电负性与鲍林算法获得的电负性数值的比较。结果显示,对于非金属元素,两种方法算出的值吻合较好。但对金属元素,两种方法所得值相差较大。事实上,鲍林算法

的电负性是由一个包含共价键强度的公式推导出来的,不适用于金属元素。所以鲍林算法对金属元素电负性的计算是不准确的。

表 3.1 **Phillips-van Vechten 方法与鲍林算法获得的电负性数值的比较**

元 素	Phillips-van Vechte 方法	鲍林算法
Na	0.7	0.9
Cu	0.8	1.9
Ag	0.6	1.9
Mg	1.0	1.2
Zn	0.9	1.6
Cd	0.8	1.7
O	3.0	3.0
S	1.9	2.5
Se	1.8	2.4
F	4.0	4.0
Cl	2.1	3.1
Br	2.0	2.8

分子轨道模型除了预测成键和反键分子轨道之间的能量差外,还给出了每个原子轨道对分子轨道的贡献。成键轨道中电负性较强的原子贡献较大,即图 3.6 中的 B。利用分子轨道的原子轨道系数的平方可以给出化学键中离子性所占比的定义,结合之前使用的参数,得到如下结果:

$$f_i = E_i / \Delta E = E_i / \{ E_i^2 + E_c^2 \}^{1/2} \tag{3.13}$$

利用上述光谱测量确定的 E_i 和 E_c 参数得到的卤化物的离子性所占比 f_i 为

LiCl	NaCl	KCl	CuCl	AgCl
0.90	0.94	0.95	0.77	0.86

正如预期,碱卤化物的离子性非常高,而铜和银化合物的离子性则低得多。

利用 Phillips – Vechten 模型建立了结构与离子性占比间的相关性。在离子模型中,晶体结构由阴离子和阳离子的半径相对大小决定,即所谓的半径比。然而,即使对离子性较强的碱金属卤化物,半径比规则并不能很好地适用。当然,对于离子性较低的化合物来说,半径比规则就更不可靠了。例如许多后过渡金属形成的 AB 型化合物是四面体闪锌矿或纤锌矿结构(如 ZnO),并不是离子模型预测的氯化钠结构。其原因与 s 和 p 轨道的共价键倾向于形成四面体配位有关。图 3.7 为一些 AB 化合物的 E_i 和 E_c 能量参数曲线图。这个图上原点开始的直线对应于一个恒定比例的 E_i / E_c 参数。因此根据式(3.13),该线也对应一个恒定的离子性占比

f_i。值得注意的是,具有四面体结构的化合物与具有 NaCl 结构的化合物几乎完全分开。临界 f_i 值为 0.785,低于此值的化合物具有闪锌矿或纤锌矿结构。可以看出,纤锌矿结构处于中间位置,具有该结构的离子性略多于闪锌矿结构。这两种结构的区别在于闪锌矿中的离子距离较远。因此,纤锌矿的马德隆常数略大于闪锌矿,并且大部分是离子化合物。

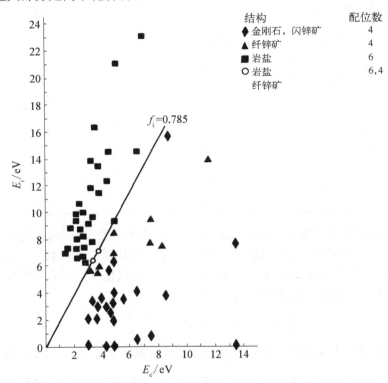

图 3.7　AB 型化合物的 Phillips-van Vechten 模型能量参数曲线图。其中 E_i 和 E_c 的意义为文中定义,图中直线对应离子性占比为 0.785(源自于 J. C. Phillips, Revs. Mod. Phys., 1970, **42**: 317)

3.2.3　二元化合物的介电性能

在 2.4.2 节中我们讨论到介电常数随频率变化的特征对固体的光学性质有重要影响。固体的介电特性决定了晶格对额外电荷的静电屏蔽作用,是固体的一个重要的性质。我们也将在第 7 章中讨论到,缺陷和掺杂行为或光激发电子和空穴的行为都与介电常数密切相关。因而,探讨非金属固体的介电特性与化学键之间的内在关联是非常有必要的。

图 2.12 给出了电子吸收带区域介电函数变化的示意图。除了电子激发外,固体化合物还在红外区域有活性原子振动模。这些模被称为光学声子。介电函数在红外活性源振动频率附近的变化与电子吸收带附近的变化相同。图 3.8 中给出了介电函数在原子活性振动激发和电子激发频率区域的示意图。在实际应用中,有两个重要的频率区域:

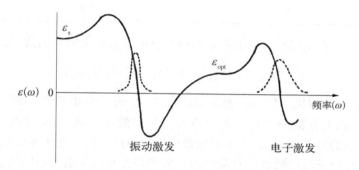

图 3.8 非金属固体介电函数的实部 ε' 和虚部 ε'',显示了电子激发和振动激发。其中实部 ε' 由"—"表示,虚部 ε'' 由"---"表示

(1)高频或光学介电常数 ε_{opt} 是在光学吸收频率之下且在振动频率之上的频率范围得到的。在这种高频下,只有电子才能有效地响应振荡电场,因此 ε_{opt} 完全由固体的电子极化率决定。

(2)静态介电常数 ε_s 是在远低于振动吸收的频率下得到的。在低频电场下,固体的极化对离子整体运动有额外的贡献,因此 ε_s 通常比 ε_{opt} 大。

由于在电子吸收边以下的频率,折射率由 ε_{opt} 决定,因而测量折射率是估算 ε_{opt} 的最佳方法。在第 2 章中方程(2.6)给出了远低于光学吸收频率的 ε_{opt} 近似值:

$$\varepsilon_{opt} - 1 = Ne^2/(m\varepsilon_0\omega_e^2) \qquad (3.14)$$

式中,ω_e 为平均电子激发能。虽然没有证据表明平均电子激发能与固体的带隙存在一定的关系,但是确实存在一种趋势,即较小间隙的固体具有较高的 ε_{opt} 值。表 3.2 中给出了一些简单固体的带隙和介电特性。

表 3.2 一些简单晶体的介电性能

晶 体	带隙 E_g/eV	介电常数		横向电荷
		ε_{opt}	ε_s	e_T
NaCl	8.5	2.3	5.6	1.1
CuBr	3.5	4.0	7.0	1.5

（续表）

晶　体	带隙 E_g/eV	介电常数		横向电荷
		ε_{opt}	ε_s	e_T
ZnSe	2.8	5.4	9.2	2.0
GaAs	1.5	10.6	11.3	2.2
Ge	0.7	16.0	16.0	0

固体中原子在电场作用下的移动对静态介电常数的贡献可由式（3.14）估算：

$$\varepsilon_s - \varepsilon_{opt} = \left[(\varepsilon_{opt} + 2)/3 \right]^2 N e_T^2/(M\varepsilon_0 \omega_v^2) \tag{3.15}$$

式中，M 表示振动约化质量；ω_v 表示振动频率；e_T 表示振动离子上的有效电荷，也称横向电荷［以上方程（3.14）中并没有方括号中的这一项，它是对电子极化对离子产生的影响的修正项］。表3.2中的数据表明，对于锗（其原子不带电荷，因而红外区没有活性原子振动吸收），高频介电常数和静态介电常数是相同的。而对于表3.2中的化合物，ε_s 比 ε_{opt} 要高。在高离子性的化合物中，如 NaCl，从介电数据中可推导出的横向电荷接近于1。然而其他化合物的数值有点过高，不切实际。值得注意的是：当有共价键存在时，振动主要是共价键的拉伸。此时测量的是动态偶极矩，它决定了红外吸收的强度。在分子振动中，动态偶极子与静电荷分布关联不是很明显，而是反映了电子在成键拉伸过程中重新分布的方式。固体也是如此，尽管横向电荷是解释介电特性的一个有用参数，但它通常不能表达静态电子分布。

3.3　金　属

3.3.1　简单金属：自由电子模型

金属通常是由元素周期表左边的元素组成。这些元素的电离能相当低，且元素的价电子数比可占据的价电子轨道数要少。金属通常形成密堆积或近密堆积结构。这是因为金属元素价电子相对较少时，通过形成密堆积结构可有效增加邻近原子的数量来实现最大的键合。相对而言，大多数非金属元素的价电子数目较多，这种富电子的情况并不利于形成密堆积结构。形成密堆积后，一些电子必须占据反键轨道，能量升高。因此，非金属元素通常采用低配位结构，电子占据成键轨道和非成键轨道，而反键轨道保持为空态。

若采用轨道能级模型，简单金属（如金属钠）的3s和3p轨道应该形成分立的能带。如果这个模型是正确的，那么对于有两个价电子的镁的3s能带应该是全占满的（3p能带是全空的）。因而固体Mg应该是绝缘体或半导体，不应具备金属性。

然而我们知道固体镁是金属态的。实际情况是：元素周期表靠前位置原子的价电子轨道是非常离散的，与邻近原子有很强的轨道交叠。所产生能带宽度可以达到数个 eV。因此，3s、3p 轨道形成的能带有很大的重叠，从而合并成一个单一的较宽导带。实际上，由于这种能带重叠，轨道失去了本身到底是 3s 还是 3p 的属性。同时金属中的价电子也几乎感觉不到单个原子的势能。我们可以认为是自由电子在一个恒定的势场中运动。自由电子模型适用于过渡前金属 ⅠA、ⅡA 和 ⅢA 族的情况。对于过渡后金属，固体中原子轨道间的相互作用已经没那么强烈，自由电子模型已经开始不能很好地适用。自由电子模型更不能很好地适用于过渡金属，我们将在 3.3.2 节做单独讨论。

简单金属中的"自由"电子虽然表现得很像气体，但其性质受到泡利不相容原理的支配。在传统分子气体中，分子的数目可以远远超过分子平动能级的数目。在下面的计算中，我们将看到给定能量范围内能级的数量取决于粒子的质量和密度。电子比分子轻得多，而金属中的导电电子密度也比传统气体中的高得多。正是这两种差异导致了自由电子气表现出不一样的性质。

假设电子被限制在一个边长为 a 的金属立方体内。在立方体内，电势是常数，可以取为零。因此，其能级为盒中粒子的能量：

$$E = (n_x^2 + n_y^2 + n_z^2)h^2/(8ma^2) \tag{3.16}$$

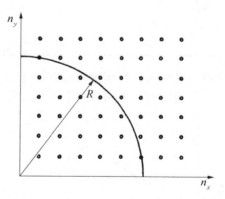

n_x、n_y 和 n_z 的值可以取 1，2，3，…，代表在立方体中 x、y、z 方向的半波数。将量子数 (n_x, n_y, n_z) 的每个组合看作是立方晶格中的一个点，从而可以方便地用图形的方式表示式（3.16），其二维表示如图 3.9 所示。晶格中的每个点表示一组可能的量子数，对应于式（3.16）中的一个轨道状态。根据泡利不相容原理，每个轨道可以容纳两个自旋相反的电子。假设点阵中的点间距为一个单位，则距离原点为 R 的某一特定状态的点为

$$R^2 = n_x^2 + n_y^2 + n_z^2 = 8mEa^2/h^2 \tag{3.17}$$

图 3.9 二维晶格中自由电子状态的示意图。距离原点为 R 处状态的能量由式（3.17）给出

因此，能量为 E 的所有电子态都是距离原点为 R 的点。由于 n_x、n_y 和 n_z 的值只允许为正，所以可通过计算半径为 R_{max} 的球正八分域内的点的数量，就能得到能量小于 E_{max} 的轨道数目。公式（3.17）给出了用 E_{max} 表示的球的正八分区域。由于每个点都在虚晶格中一个单位立方体的角上，所以点的个数就是八分位数的体积。

在能级达到 E_{max} 范围内,可以容纳电子的数量是这个轨道数的两倍:

$$N = 2(1/8)(4/3)\pi R_{max}^3$$
$$= 8\pi/3(2mE_{max}/h^2)^{3/2}a^3 \tag{3.18}$$

参数 a^3 是每个电子占据的体积。因而 E_{max} 可以写为电子密度的形式。电子密度 $\rho = N/a^3$:

$$E_{max} = h^2/(2m)(3\rho/8\pi)^{2/3} \tag{3.19}$$

这是绝对零度时最高占据能级的能量。所有轨道都根据泡利不相容原理以每个轨道上最多只能容纳两个电子的规则进行填充。对于金属钠中的导电电子,$\rho = 2.5 \times 10^{22}\ cm^{-3}$,$E_{max}$ 的预测值为 3.2 eV。在室温下 kT 是 0.026 eV,所以只有在顶部很少数的电子才能被热激发。相比之下,对于正常密度下的气态氮,E_{max} 约为 10^{-6} eV,因此几乎所有分子都处于热激发态。只有在极高的密度下(例如,在一些恒星的中心附近发现的密度),E_{max} 的计算才与原子或分子气体有关。

可以将自由电子模型计算获得的 E_{max} 值与光电子能谱或 X 射线吸收谱实验所测得导带的带宽进行比较。比较结果如下:

E_{max}/eV	Na	Mg	Al
计算值	3.2	7.2	12.8
实验值	2.8	7.6	11.8

可以看出实验和理论模型有很好的一致性。

我们也可以用自由电子模型计算导带内的态密度 $N(E)$。$N(E)$ 是每单位体积每单位能量范围内的可用状态数。因此,总电子数是 $N(E)$ 到电子填充最高能级 E_{max} 的积分。通过微分式(3.18),可获得总电子数:

$$N(E) = 4\pi(2m/h^2)^{3/2}E^{1/2} \tag{3.20}$$

该函数如图 3.10 所示。许多简单金属(如图 2.4 中的铝)的光电子能谱价带谱与这一理论模型比较一致。

图 3.10 还说明了在绝对零度和较高温度下电子的分布情况。如第 1 章[见式(1.11)]所述:在有限温度下,能级被占

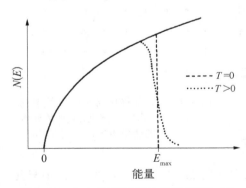

图 3.10 自由电子模型中的态密度。费米-狄拉克分布函数展示了在绝对零度和较高温度下电子对能级的占据

据的概率由费米-狄拉克分布函数给出:

$$f(E) = \{1 + \exp[(E - E_F)/kT]\}^{-1} \tag{3.21}$$

因此,只有在费米能级 E_F 到 kT 附近的电子才能被热激发。然而,对于大多数金属来说,这只是所有电子非常小的一部分。因此,金属电子的热力学性质与普通气体的热力学性质有很大的不同。例如,在理想的单原子气体中,每个原子对总平动能都有贡献;等容下的比热容 C_v 的值为 $3R/2$。而在电子气体中,只有接近费米能级附近的电子才能被热激发,比热容要低得多。因此,C_v 不取决于总电子的数量,而是取决于费米能级附近的态密度 $N(E_F)$。根据费米-狄拉克分布计算得到:

$$C_v = \pi^2/3 N(E_F) k^2 T \tag{3.22}$$

固体的比热容还与晶格振动有关,晶格振动通常会远大于电子的贡献。但在低温下晶格振动与 T^3 成正比。所以随着温度的降低,晶格振动的贡献下降的速度比电子项快得多。图 3.11 显示了钾在低于 1 K 温度下的 C_v/T 与 T^2 的关系图。其斜率来自 T^3 晶格项,在 $T=0$ 处的截距表示电子的贡献。测量电子比热容是确定费米能级处态密度的有效方法之一。

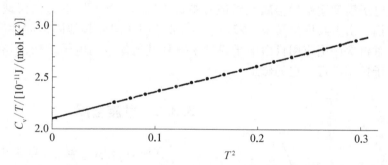

图 3.11　低温下钾的 C_v/T 与 T^2 的关系图,$T=0$ 处的截距表示电子贡献(来源于 W. H. Lien, N. E. Phillips. *Phys. Rev.*, 1964, **133**: A1370)

　　另一个依赖于费米能级附近电子的性质是金属的顺磁性。当有外加磁场时,电子自旋向上和自旋向下状态具有不同的能量。如图 3.12 所示,态密度被分成自旋向上和自旋向下的两部分。在没有磁场的情况下,这两条曲线是相同的。在磁场的作用下,电子的能级发生移动。因此在磁场作用下,金属中处于某一自旋态的电子会多于另外一种。这种效应与 $N(E_F)$ 成正比,可通过计算获得泡利磁化率:

$$\chi = 2\mu_0 \mu_B^2 N(E_F) \tag{3.23}$$

其中,μ_B 是玻尔磁子。图 3.12 展示的是绝对零度的情况,但温度对泡利磁化率的

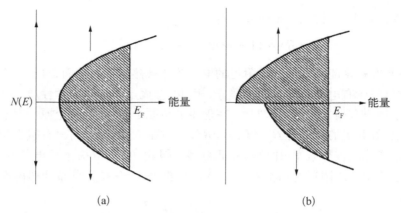

图 3.12　外加磁场对简单金属态密度的影响。图中分别展示了自旋向上
　　　　（↑）和自旋向下（↓）电子的态密度。（a）当没有外加场时，自
　　　　旋向上和自旋向下的电子能级相同；（b）在磁场的作用下，能级
　　　　发生移动，从而造成了自旋向上的电子数目增多

影响也很小。这与局域未配对电子的 1/T 居里定律形成了对比。居里定律是当磁
场中电子自旋的排列与热扰动相反时产生的，但这种效应在电子气体中并不重要。

　　自由电子模型适用的金属元素通常被称为"简单金属"，主要包括碱金属、碱
土金属和铝。由于其模型简单，该理论也经常被用作解释其他固体的性质。我们
将在第 4 章再次讨论应用自由电子模型来解释其他体系的电子结构，但有时需要
对自由电子模型进行一定的修正。

3.3.2　过渡金属

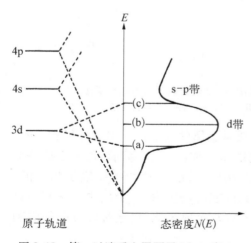

图 3.13　第一过渡系金属原子 3d、4s 和 4p
　　　　轨道交叠形成的态密度。（a）前
　　　　过渡金属、（b）中间金属、（c）后
　　　　过渡金属的费米能级位置

　　在所有金属元素中，自由电子模型
最不适用的就是过渡金属。相比于 s、p
轨道，过渡金属 d 轨道（尤其是第一列 3d
轨道）非常局域化，轨道之间的重叠较
小，导致它们所形成能带较窄，还保持着
一定的原子轨道属性。图 3.13 展示了 d
能带与 s、p 轨道所形成的自由电子能带
的比较。d 带具有很高的态密度，在一个
很窄的能量范围内可以容纳 10 个电子。
图 3.13 还展示了 d 能带在整个过渡金属
区域内是如何填充的。图中给出了在过
渡金属不同区域的元素（前过渡金属，如

Ti;中间过渡金属,如 Mn;后过渡金属,如 Ni)中费米能级的位置。结合前面图 2.6 中所示的光电子能谱和反光电子能谱,通过实验可测量其能带的填充情况。这些能谱还表明,随着有效核电荷的增加,d 轨道收缩,因此它们之间的重叠较弱,从而使 d 带变得更窄。

在 d 轨道形成的能带中,靠近底部的能级是相邻原子间的成键,靠近顶部的状态是反键。因此我们可以预期当 d 能带的电子数为半满时成键数最多。图 3.14 为三个过渡金属系元素的升华能。在第二和第三过渡金属系中间附近出现了升华能的峰值。3d 系列过渡金属的升华能低于其他两个系列,反映了 3d 轨道间重叠较差,键合较弱。这个系列的中间有一个明显的凹陷值。铁周围元素的键能似乎比预期的要低。这和金属的磁性之间有一定的联系。众所周知,铁、钴和镍在居里温度以下具有铁磁性。它们之前的金属铬和锰有一定的反铁磁性。磁性是由固体中不相同数量的自旋向上和自旋向下电子所引起的磁矩。如果不同原子上的磁矩方向不同,所产生净磁矩相互抵消,则表现出反铁磁性;如果磁矩方向一致,则产生铁磁效应。

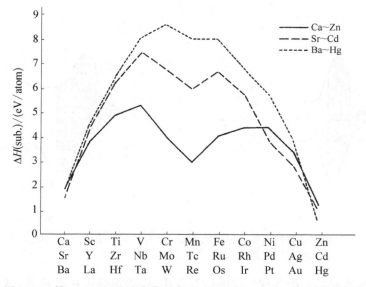

图 3.14　第一、二、三过渡金属元素(Ca~Zn、Sr~Cd、Ba~Hg)的升华能

过渡金属原子的磁矩是同一原子上 d 轨道电子间的强静电斥力作用的结果。这种静电斥力可以通过电子平行自旋而减小,所降低的能量称为交换能。在自由原子中,这种效应称为洪德第一定律,即电子尽可能多地具有平行的自旋。然而,在分子和固体中,由于成键轨道是通过自旋相反电子的配对实现的,因而要保持平行自旋,需要付出其他能量。成键能通常比交换能大,所以成对的电子(自旋相

反)更常见。然而,当成键力相对较弱时,原子保持不成对的电子构型是有利的。这种情况通常发生在由 3d 电子系列元素组成的高自旋的配合物中。金属的磁性态和非磁性态之间的能量平衡与过渡金属化合物的高自旋态和低自旋态之间的能量平衡十分相似。

从非磁性到铁磁性变化的能带结构如图 3.15 所示。正常情况下,自旋向上和自旋向下的电子在能带内具有相同的能量,见图 3.15(a)。然而,在图 3.15(b)所示的铁磁态中,一些电子从自旋向下能级转移到自旋向上能级。由于自旋向上的电子较多,它们的平均斥力更小,因此自旋向上的状态是稳定的。与此同时,必须将一些电子转移到具有更高能量的反键能级能带上,因此一些键能会受到损失。由于每个原子中的 d 能带能容纳 10 个电子,当一个电子从自旋向下的占据能级顶部转移到空的自旋向上的能级底部时,需要的结合能大概是能带宽度(W)的 1/5。在此过程中,排斥能的减小相当于同原子内 d 轨道上电子之间的交换积分 K。只有当净能量降低时,即斥力的减少量大于键能的损失量时,铁磁性才会稳定。这就要求

$$K > W/5 \qquad\qquad (3.24)$$

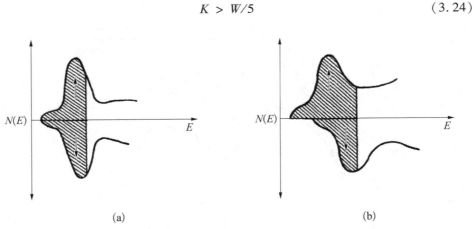

(a)　　　　　　　　　　(b)

图 3.15　铁磁性过渡金属的能带图:具有等量自旋向上和自旋向下
电子的非磁性态(a)及铁磁态(b)

3d 系列过渡金属的后面几种元素的带宽较小,轨道重叠也比较微弱。收缩也使一个原子上的电子靠得更近,从而增加了电子排斥力并增加了交换积分。因此,我们就容易理解为什么过渡金属第一个周期的元素会表现出磁性以及升华能的降低。而对于第二和第三周期的过渡金属,由于 4d 和 5d 轨道的扩展范围更大,带宽增大且交换积分能减小,因此没有发现与第一周期类似的磁性能。然而,当 d 带非常窄时,一些金属性的过渡金属化合物却显示出铁电和反铁磁性。例如,二氧化铬(CrO_2)是一种铁磁性金属,被广泛应用于早期的磁带中。

3.4　过渡金属化合物

　　由于过渡金属化合物具有部分填充的 d 能级,因而要比本章之前所讨论的简单固体表现出更多样的电子行为。其中一些性能需要更详细的处理,我们将在后面的章节中进一步讨论。然而,使用轨道模型来描述固体化合物中 d 能级电子结构的特征是可行的。这里我们主要讨论过渡金属与电负性较高的元素结合的化合物(如氧化物),可以用 3.1.1 节的离子模型来讨论。

3.4.1　d 能带

　　过渡金属氧化物的能级图与其他离子化合物的能级图类似,其价带为氧 2p 轨道,导带为金属轨道。然而,过渡金属中价电子轨道通常是 d 轨道,而不是像碱金属中的 s 轨道。在图 3.16 中,过渡金属的 d 轨道与能量较高一些的 s 轨道和 p 轨道分开,形成一个独立的能带。我们将在后面看到类似于过渡金属配合物中的配体场效应,过渡金属氧化物中的 d 能带也会被氧配体场分裂。

　　在本章前面讨论的离子化合物中,导带通常是空的,从而表现为绝缘体。但在过渡金属化合物中,d 轨道中可能存在电子。d 带的占据情况可以利用和配合物中 d 电子构型同样的规则理解。因而 Ti^{4+} 的构型是 $3d^0$,TiO_2 在 d 带中没有电子。TiO_2 的能隙为 3 eV。这个数值相对于大多数离子化合物来说,还是相当小的,表明在金属和氧的原子轨道中存在明显的共价键。与

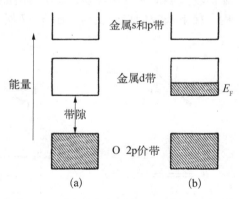

图 3.16　过渡金属氧化物的能带: d 带为空(a)和部分填充 d 带(b)的金属氧化物

分子和配合物一样,将价带描述为氧和金属轨道的成键组合,而将金属 d 导带描述为反键组合。相比于 TiO_2 的绝缘性,化合物 Ti_2O_3 和 VO_2 在 d 带有一个电子[图3.16(b)],因而它们在一定温度范围内都表现出金属性。在一般情况下,过渡金属化合物的电子性质可以通过金属原子的 d 电子构型来理解。另一对化合物的情形也证明了这一论点。即 WO_3 中 W^{6+} 的电子构型为 $5d^0$,表现出绝缘性;而 ReO_3 中 Re^{6+} 的电子构型为 $5d^1$,表现出金属性。

　　可以用同样的方法处理三元化合物(包括过渡前金属和过渡金属)。例如,在

钨青铜钠化合物 Na_xWO_3 中,钠 3s 轨道的能量要比钨 5d 轨道高很多,因此仍然可以使用图 3.16 的能级图,只有导带区域中较高能级的部分才与钠的性质有关系。每个钠离子贡献一个额外电子进入 W 的 5d 轨道。对于 $x>0.3$ 的化合物,表现出金属性。图 2.5 所示的 $Na_{0.7}WO_3$ 光电子能谱证实其金属态的电子结构。Na_xWO_3 是一种较普遍的氧化物,在其中掺入碱金属或氢会在 W 5d 轨道引入额外的电子。当引入的电子较少时,它们通常表现出非金属性。其原因可能是电子被晶格畸变所捕获,因此不能以金属的方式传导。对于这点,我们将在第 6 章详细讨论。

3.4.2　配体场分裂

众所周知,过渡金属配合物中的 d 轨道被周围的配体场能级分裂。这种效应并不仅仅源自静电力的作用。d 轨道与配体的成键也起到很大的作用。如上所述,所谓"d 轨道"实际上是金属 d 轨道与配体轨道的反键组合。直接指向配体原子的 d 轨道形成 σ 键,其重叠程度大于指向配体原子间的 π 键。σ 反键能量高,是配体场分裂的主要贡献者。d 轨道的能量顺序取决于过渡金属原子周围配体的结构。接下来我们将简要讨论图 3.17 所示的三种情况。

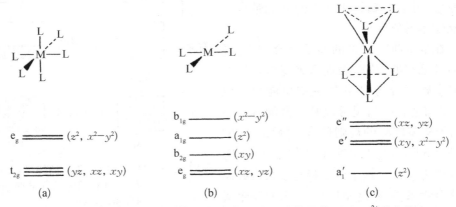

图 3.17　三种配体结构的晶体场能级图:(a)八面体配位;(b) Pt^{2+} 化合物中常见的平面方形配位;(c) MoS_2 的三棱柱配位

图 3.17(a)所示的八面体情况中,有三个 d 轨道,称为 t_{2g},其能量低于另外两个 e_g 轨道。在拥有过渡金属原子占据的八面体固体中,能级将宽化成能带。能带的宽度可能小于配体场分裂,从而在较低的 t_{2g} 能带和较高的 e_g 能带间产生带隙。在这种情况下,有 6 个 d 电子的化合物可以占满 t_{2g} 所有的能级,表现出非金属性。我们也可以用化学的图像来理解,如一个低自旋的 d^6 化合物,在过渡金属的第一周期中,Co^{3+} 比较符合此情况。例如,$LaCoO_3$ 具有钙钛矿结构,其中 Co^{3+} 占据八面

体位置。$LaCoO_3$ 在低温下确实是非金属。然而，t_{2g} 顶部和 e_g 底部之间的间隙非常小（0.5 eV），在高温下 $LaCoO_3$ 经历了复杂的电子跃迁。同时，我们也可以通过过渡金属配合物预测第二和第三过渡系金属的配体场分裂会逐渐变大。如 $LaRhO_3(4d^6)$ 是非金属态的，带隙为 1.6 eV。其他的 d^6 八面体化合物（如 FeO），具有高自旋构型，其中 d 电子之间的交换作用使电子更倾向保持平行的自旋状态，但电子需要占据更高能量的轨道。我们将在后面看到，简单的能带结构在解释这类的高自旋化合物时存在一定的不足。

还有一些结构可以产生能带填充的低自旋化合物。其中一个重要的例子是平面四边形配合物[图 3.17（b）]，如低自旋 d^8 化合物（如 Pt^{2+}）。d_{z^2} 轨道顶部有较大的带隙，因此 $K_2Pt(CN)_4 \cdot 3H_2O$ 是绝缘体。平面四方形单元堆积形成晶体，从而也形成了 Pt 原子链。相邻铂原子上的 d_{z^2} 轨道重叠较多，形成的带宽较大。因此，通过在 $K_2Pt(CN)_4 \cdot 3H_2O$ 结构中引入 Br^- 离子，形成 $K_2Pt(CN)_4Br_{0.3} \cdot 3H_2O$ 化合物，从而使每个 Pt 原子形成 0.3 个空穴。这种化合物表现出金属性，但从它的性质可以清楚地看出：金属性的电子只能沿着晶体中铂链的方向自由移动。这种"一维"金属具有比较奇特的电子特性（将在第 6 章中讨论）。

另一个关于配体场效应有趣的例子是层状化合物 MoS_2。S-Mo-S"三明治"结构由范德瓦耳斯力结合在一起。图 1.5 所示 CdI_2 层状结构也是如此。CdI_2 是 TiS_2 和其他一些二硫化物所采用的结构，即金属原子具有八面体配位。除硫原子在金属周围的排列形成如图 3.17（c）所示的三棱柱外，MoS_2 的结构也与之非常相似。这种结构使得配体场分裂为能量最低的单 d 轨道。d^1 化合物 NbS_2 和 TaS_2 是金属性的。但 MoS_2 不是，两个 d 电子占据了由最低能级 d 轨道形成的能带。

3.4.3 化合物中的金属-金属键

许多过渡金属化合物，尤其是金属性的化合物，其 d 能带的带宽大约有几个 eV。在上面讨论的一些化合物中，金属原子之间的距离较大，因此 d 轨道之间很难发生直接的轨道重叠。因此，在 ReO_3 等化合物中，d 能带的带宽不是直接来自 d 轨道的重叠，而主要是通过以氧原子为中介，形成共价键相互作用的结果。第 4 章解释了这种间接相互作用形成能带的方式。需要特别记住的一点是：这些化合物的金属性不是一般意义上金属键合的结果。此外，有些化合物中确实可以发生 d 轨道的直接重叠，从而在固体中形成金属-金属键。例如，在 TiO 和 VO 中，这两种氧化物都有氯化钠的晶体结构（岩盐结构）。在此结构中，金属原子被氧原子隔离，但 TiO 和 VO 都含有大量的晶格空位。这些空位允许晶格收缩，从而减小金属原子之间的距离，使得金属-金属间有较大的重叠。

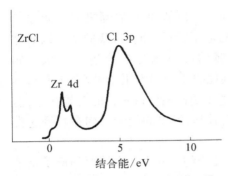

图 3.18　ZrCl 的光电子能谱,其上展示了 Zr 4d 和 Cl 3p 能带(来源于 J. D. Corbett, J. W. Anderegg. *Inorg. Chem.*, 1980, **19**: 3822)

金属-金属成键的例子在"富金属"类的化合物中更多。在这类化合物中过渡金属的氧化态比通常状态的要低。这些化合物的晶体结构也比较特殊,表现出较大的金属-金属键合。例子之一是如图 1.5 所示的 ZrCl。该结构有一个双层锆原子夹在氯原子之间。对其电子结构的简单描述是把成键的氯看作是 Cl⁻离子。每个锆上剩余的三个价电子用于金属键合,该键合是由金属 d 轨道之间的直接重叠导致的。这些轨道在阴离子价带以上形成一个带。图 3.18 为 ZrCl 的光电子能谱图,其中可以清晰地看到 Cl 3p 价带和被占据的 Zr 4d 能带。人们已知的富金属化合物中的金属键以金属原子的层状或链状的形式存在。这些扩展种类的固体可以与 $MoCl_2$ 中的 $Mo_6Cl_8^{4+}$ 结构单元进行比较,其中的金属-金属键被局域化在离散的原子簇中。

3.4.4　能带理论的不足

　　简单能带模型表明任何拥有部分填满轨道的固体都应该表现出金属性。然而,许多具有非填满的 d 和 f 电子壳层的化合物却是非金属性的。我们在 3.4.2 节的讨论表明这种非金属态的电子特性可能是由 d 能带的晶体场分裂引起的。在这种情况下,d 能带的能量较低部分是满的。然而在许多情况下,非金属固体不能用晶体场分裂解释。大多数过渡金属卤化物、氧化物和其他一些化合物,形成具有部分填充 d 壳层的绝缘体。例如,氧化镍(NiO)的吸收光谱与 $Ni(H_2O)_6^{2+}$ 在水溶液中的吸收光谱非常相似。在水溶液中 Ni^{2+} 在空间上是分离的。NiO 的磁性测量表明每个 Ni^{2+} 都有两个未配对的电子,这也与孤立的 Ni^{2+} 络合物相似。根据能带模型,NiO 具有未占满的能带,应该是金属性的。然而,纯 NiO 却是一种很好的绝缘体,尽管它在非化学计量比成分时可能具有半导体性质。能带理论对于解释过渡金属化合物中的不足非常常见,在镧系化合物中更是如此。能带理论模型失效的主要原因是忽略了电子-电子之间的静电斥力。静电斥力倾向于使电子局域化在单个原子上。只有当轨道重叠引起的能带足够大时,才能观察到金属性。TiO 和 VO 是金属性的,而 MnO、FeO、CoO 和 NiO 则不是。这种金属性可以通过过渡金属原子序数较小时,d 轨道的重叠较强来理解。而当原子序数变大时,d 轨道收缩,轨道重叠和带宽减小。光电子能谱对后过渡金属氧化物(如 CoO、NiO)的测量结果表明 3d 带宽值在 1 eV 左右,这要比金属态的前过渡金属氧化物(TiO)中的带宽小得多。因此,电子不足以克服电子间的排斥力,仍然被局域化。我们将在第 5 章详细讨论能带理论对解释许多过渡金属和镧系化合物的电子性质所存在的问题。

拓展阅读

介绍离子模型书和文献:

C. S. G Phillips and R. J. P. Williams (1965). *Inorganic chemistry*, Vol. 1, Chapter 5;[see also Vol. 2, Chapter 31]. Oxford University Press.

C. R. A. Catlow and A. M. Stoneham (1983). *J. Phys. C*:*Solid State Phys.*, **16** 4321.

下面列出的这本书中主要讨论了固体中的共价键合、介电性能及 Phillips-van Vechten 离子性处理。此外,也包括金属及其化合物的讨论:

W. A. Harrison (1980). *Electronic structure and the properties of solids*. W. H. Freeman.

讨论键合及结构的相互关系的书目及论文:

J. C. Phillips (1967). Chemical bonds in solids. In *Treatise on solid state chemistry* (ed. N. B. Hannay) Vol. 1, (Plena Press).

J. C. Phillips (1970). *Rev. Mod. Phys.* **42**, 317.

D. M. Adams (1974). *Inorganic solids.* John Wiley and Sons.

J. K. Burdett (1979). *Nature*, **279** 121.

J. K. Burdett (1980). *J. Amer. Chem. Soc.* **102**, 450.

讨论金属中自由电子理论的书目:

B. R. Coles and A. D. Caplin (1976). *Electronic structures of solids.* Edward Arnold.

C. Kittel (1976). *Introduction to solid state physics* (5th edn), Chapter 6. John Wiley and Sons.

关于过渡金属配合物中 d 能级及配位场效应的书目:

D. Nicholls (1974). *Complexes and first-row transition elements.* MacMillan.

两篇关于固体中金属-金属键合的综述:

A. Simon (1981). *Angew. Chem.*:*Int. Ed. Engl.* **20** 1.

R. E. McCarley (1981). In *Mixed -valence compounds* (ed. D. B. Brown). D. Riedel.

第4章 能带理论基础

在前面的几个章节中,我们介绍了原子轨道如何通过相互重叠而形成能带。我们可以通过化学成键模型来定性理解不同类型固体中的能带。但为了更进一步理解电子性质,我们有必要详细了解组成能带的晶体轨道。这便是本章主题。我们将尽可能采用从事分子轨道理论研究的化学家们所熟悉的 LCAO 法来处理晶体轨道。尽管如此,本书在处理固体时还会引入一些必要的新概念。虽然本章中一些思想会被后面的章节所提及,但并不要求深入理解能带理论。由于这部分内容理论性较强,初读者可以先略过本章。

在开始介绍之前,有必要先明确一个基本假设:我们处理的是晶体,其原子呈周期性规则排列。由于固体包含大量的原子,只有在这种条件下,晶胞中的电子分布被周期性地重复,简单的模型才适用。无序固体的电子轨道处理起来要复杂得多,关于固体中的缺陷和无序,将在第 7 章进行讨论。

真实的固体显然是三维的。但很多能带理论的思想可以通过更简单的一维或二维的原子排列模型来引入。这使我们能更容易理解晶格周期性对晶体轨道形成过程的影响。因此,我们将从最简单的"一维晶体"开始讨论。

4.1 一维晶体轨道

4.1.1 周期性的重要性——布洛赫函数

我们的问题是要找到电子沿图 4.1(a)所示的原子链移动过程中波函数的近似形式。位于链两端的原子代表固体的表面,其电子结构可能与体相原子不同。但为了简单起见,我们先不考虑表面效应,这需要我们通过某种方式消除位于两端的原子。虽然可以通过假想一个无限长的原子链来实现,但这样会带来新的问题,如使我们无法计算晶体轨道数量。解决这个问题的一个方法是引入虚构的**周期性边界条件**。如图 4.1(b)所示,我们先考虑由 N 个原子组成的有限原子链中的电子行为,然后假设这个原子链不无限重复,且逐个首尾相接来消除表面效应。这样一来,电子的波函数沿链方向发生变化,但周期性边界条件要求波函数在经过 N 个晶格之后又会回到初始值。由此,如果 $\psi(x)$ 是沿链方向的电子波函数,那么电子移动 N 个原子之后的波函数为 $\psi(x + Na)$,其中 a 为晶格间距。我们假设：

$$\psi(x + Na) = \psi(x) \tag{4.1}$$

周期性边界条件也可以由图 4.1(c)给出的物理图像来理解。我们可以将 N 个原子组成的链想象成一个首尾相接的环，而非直链。在该原子环中，第 1 个原子和第 N 个原子相连。

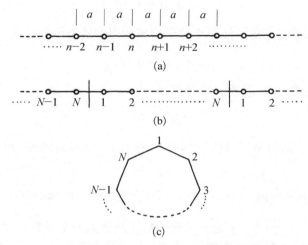

图 4.1　一维单原子链。(a) 晶格间距 a 和原子编号。
(b) 周期性边界条件，假想的由 N 个原子组成的原子链沿着每一方向完全重复。(c) 对周期性边界条件的另一种理解：原子 1 和原子 N 相连

周期性边界条件的引入在处理固体时确实让我们有一种柳暗花明的感觉。现在我们只需要考虑有限数量的原子，这样就可以获得晶体轨道数目，同时也消除了位于链两端的原子，因此表面效应也不复存在。接下来，为了简化，我们只考虑一个由少量原子组成的链。在这种情况下，周期性边界条件对允许存在的波函数及其对应的能量影响较大。我们将得到一个与原子数 N 无关的公式，届时 N 可取任意值，从而模拟一个"真实"晶体。

既然沿链方向的原子是均匀排列的，电子波函数也应该反映这种规律性。也就是如果沿着链方向平移一个原子距离，得到的电子密度应该不变。为了满足这个条件，就必须采用复变形式的波函数，同时包含实部和虚部。电子密度可由下面式子给出：

$$\rho(x) = \psi^*(x)\psi(x) \tag{4.2}$$

原子链中电子密度的周期性意味着：

$$\rho(x + a) = \rho(x) \tag{4.3}$$

要满足上式,则必须有

$$\psi(x + a) = \mu\psi(x) \tag{4.4}$$

此处,μ 是一个复数,并且

$$\mu^*\mu = 1 \tag{4.5}$$

于是沿着原子链方向平移 N 个原子距离所得到的波函数便为

$$\psi(x + na) = \mu^N\psi(x) \tag{4.6}$$

周期性边界条件式(4.1)使得 μ 必须满足:

$$\mu^N = 1 \tag{4.7}$$

所以,μ 必为单位元的 N 次根。式(4.7)存在 N 个不同的解,可由如下通项式给出:

$$\mu = \exp(2\pi ip/N) = \cos(2\pi ip/N) + i\sin(2\pi ip/N) \tag{4.8}$$

其中,p 是整数, $i = \sqrt{-1}$。p 也可被看作标记波函数的量子数。在固体理论中,通常定义一个物理量 k 标记波函数(k 为正比于 p 的量):

$$k = 2\pi p/(Na) \tag{4.9}$$

这样做的好处是可以使公式中不含原子数目 N。对于有限原子链,k 只能取离散值,由式(4.9)中 $p = 0$, ± 1, ± 2,$\cdots$ 给出。但在真实固体中 N 非常大,使得两个相邻 k 值相差非常小,于是我们可以将 k 看成连续变量。

回到式(4.4),将原子链平移一个晶格间距 a 后可得

$$\psi(x + a) = \exp(ika)\psi(x) \tag{4.10}$$

满足这个方程的一个可能的解对应于自由电子波函数(见图4.2),即

$$\psi(x) = \exp(ikx) = \cos(kx) + i\sin(kx) \tag{4.11}$$

但是,式(4.10)所允许的波函数具有更普适的形式:

$$\psi(x) = \exp(ikx)u(x) \tag{4.12}$$

其中,$u(x)$ 为一个周期函数,从一个原子移动到另一个原子时它的值不发生改变,即

$$u(x + a) = u(x) \tag{4.13}$$

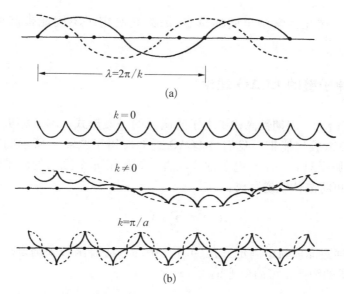

图 4.2　沿着链方向电子的波函数。（a）自由电子波函数的实部
（———）和虚部（————）。（b）具有不同 k 值的布洛赫函
数，由原子轨道重叠形成。图中仅给出了函数的实部

式（4.12）也称**布洛赫（Bloch）函数**。布洛赫函数将一个在周期晶体场中运动
的电子描述成一个自由电子的波函数 $\exp(\mathrm{i}kx)$ 乘以一个具有晶格结构周期性的
函数 $u(x)$。这反映了固体中的电子既有共有化的倾向，又受到周期性排列的原子
的调制。为了能更好地理解化学成键的作用，我们可以用相互叠加的原子轨道来
构造布洛赫函数。图 4.2 给出了一些例子。现在，每个原子的轨道波函数形成了
周期函数 $u(x)$，其振幅由 $\exp(\mathrm{i}kx)$ 因子调制［式（4.12）］。我们可以看出这里所
有的函数均具有波的形式，其波长 λ 由量子数 k 决定：

$$\lambda = 2\pi/k \tag{4.14}$$

图 4.2 给出了三种不同的 k 值：$k = 0$，对应于波长无限大的情况；k 等于一个小的
值，对应于波长非常大的情况；$k = \pi/a$，对应于仅有两个晶格间距大小的波长，且
相邻原子上的原子轨道反相。

本小节内容的重点是要说明原子的周期性排布使得电子波函数满足如式
（4.12）所示的布洛赫函数。该式可以应用于自由电子模型，以及由 LCAO 得到
的波函数。而量子数 k 的重要物理意义也将在接下来几节中变得更加清晰。我
们将会看到量子数 k 决定了晶体轨道的波长，因此被称为**波数**。在自由电子模
型中，k 正比于电子动量，因此对固体中依赖于电子运动性质的物理量很重要，
如电导率。我们也将看到，无论是 LCAO 还是自由电子模型中，都可以将能量看

作 k 的函数。k 在光谱学中也同样重要,因为它决定了不同能带间电子跃迁的选律。

4.1.2　单原子链的 LCAO 理论

4.1.1 节给出了周期性晶格中电子波函数的一般形式。本节将进一步探讨由原子轨道重叠组成的能带。我们将 LCAO 近似应用于图 4.1 所示的原子链。首先,假设每个原子只有一个价电子的 s 轨道。如果第 n 个原子的原子轨道的波函数是 $\chi_n(x)$,可将晶体轨道写成:

$$\psi(x) = \sum_n c_n \chi_n(x) \tag{4.15}$$

系数 c_n 可以通过晶体轨道满足方程(4.12)中的布洛赫函数来确定。由于沿着链到第 n 个原子的距离 x 可简单地记为 na,则

$$c_n = \exp(ikna) \tag{4.16}$$

我们看到对于由 N 个原子组成的链,k 将取式(4.9)所允许的值,$k = 2\pi p/(Na)$, $p = 0$, ± 1, ± 2, $\cdots$。虽然 p 可以取任何整数值,但我们现在要证明它们之中只有 N 个值能给出不同的晶体轨道组合。这很容易理解,是因为我们是从 N 个原子轨道开始组合的。为此,考虑一个值 k',对应于上面方程中 $p + N$,则 $k' = k + 2\pi/a$,所对应的轨道系数 c'_n 由下式给出:

$$\begin{aligned} c'_n &= \exp\{i(k + 2\pi/a)na\} \\ &= \exp(ikna) \cdot \exp(i2\pi n) \\ &= c_n \end{aligned} \tag{4.17}$$

所以,k 和 k' 两个值给出的系数对应于式(4.15)中同一个晶体轨道。$2\pi/a$ 的范围只包含 N 个 k 的允许值,而在这个范围之外的 k 值不会给出新的轨道。k 可以在 0 到 $2\pi/a$ 的范围内取值,但由于通常 k 也允许取负值,于是 k 的取值范围为

$$-\pi/a \leqslant k < \pi/a \tag{4.18}$$

需要说明的是在取值区间之外的 k 值也可以给出满足方程(4.16)的轨道系数。然而它们只是简单重复以上 k 的取值范围已经生成的轨道,因此没有必要再次计算。

由方程(4.15)和方程(4.16)给出的晶体轨道称为原子轨道的**布洛赫和**。图 4.2 中描述了这种原子轨道的叠加。可以看出,$k = 0$ 的组合中所有原子相位相同,对应于低能量的成键组合。当 $k \neq 0$ 时,波函数开始出现节点,因而能

量会上升。图 4.2 中能量最高的态对应于 $k = \pi/a$，所有相邻原子都以反键
的方式结合。我们可以通过以下公式对每个轨道的能量进行更加定量的
计算：

$$E_k = \frac{\int \psi_k^* \mathscr{H} \psi_k}{\int \psi_k^* \psi_k} \tag{4.19}$$

其中，$\mathscr{H}$ 表示哈密顿算符。我们给每个晶体轨道和能量加下标 k。接下来是用布
洛赫和的形式来表示每个晶体轨道 ψ_k 和其复共轭 ψ_k^*。可求式(4.19)的分子和
分母：

$$\int \psi_k^* \mathscr{H} \psi_k = \sum_{n=1}^{N} \left\{ \sum_{m=1}^{N} \exp[\,\mathrm{i}(n-m)k\,] \int \chi_m^* \mathscr{H} \chi_n \right\} \tag{4.20}$$

和

$$\int \psi_k^* \psi_k = \sum_{n=1}^{N} \left\{ \sum_{m=1}^{N} \exp[\,\mathrm{i}(n-m)k\,] \int \chi_m^* \chi_n \right\} \tag{4.21}$$

对原子轨道的积分可以通过计算机程序来计算。但电子结构的基本特征还需要用
近似模型来表示，类似于 π 电子体系的休克尔(Hückel)分子轨道处理。

对于等式(4.21)的积分，我们假设：① 每一个原子轨道 χ_n 是归一化的；② 可
以忽略原子轨道在不同中心的重叠。于是有

$$\int \chi_n^* \chi_n = 1 \tag{4.22}$$

以及

$$\int \chi_m^* \chi_n = 0 \quad (m \neq n) \tag{4.23}$$

忽略轨道重叠看似是一个非常不合理的近似。但是其合理性可以通过更复杂的理
论证明，即假设我们一开始不是采用真实原子轨道而是选取那些没有相互重叠的
线性组合。在这个假设之下，只有 $n = m$ 项对式(4.21)中求和有贡献。我们得到 N
个相同项，且都等于 1，于是

$$\int \psi_k^* \psi_k = N \tag{4.24}$$

对于式(4.20)中哈密顿量的矩阵元，$n = m$ 简单地给出电子在一个原子轨道
上的能量。我们将其标记为 α。$n \neq m$ 的矩阵元给出不同原子轨道的相互作用能。
这里可以合理地忽略掉原子链中非近邻原子的轨道相互作用。对于近邻原子轨道

作用能,我们标记为 β。于是得到:

$$\int \chi_n^* \mathscr{H} \chi_n = \alpha \tag{4.25}$$

当 m 和 n 相邻时有

$$\int \chi_m^* \mathscr{H} \chi_n = \beta \tag{4.26}$$

在计算近邻原子时我们必须考虑周期性边界条件,它有效地使第 1 个原子和第 N 个原子也变成近邻原子(参见图 4.1)。因此,等式(4.20)将具有 N 个相同项,每一个在 $n = m$ 时单独有贡献,同时给定原子的两个近邻原子也有贡献,所以

$$\int \psi_k^* \mathscr{H} \psi_k = N\{\alpha + \beta[\exp(-ika) + \exp(ika)]\} \tag{4.27}$$

$$= N[\alpha + 2\beta\cos(ka)] \tag{4.28}$$

联合方程(4.24)和(4.28),我们发现轨道 ψ_k 的能量可以简化为

$$E_k = \alpha + 2\beta\cos(ka) \tag{4.29}$$

对于 s 轨道,轨道重叠形成成键,相互作用积分 β 为负值(对应于能量的降低),图 4.3 的下半部分给出了它的 $E(k)$ 关系。该能带的总能量范围从 $+2\beta$ 到 -2β,宽度为 $4|\beta|$,正比于近邻原子之间的相互作用强度。强的轨道重叠对应较大的 $|\beta|$ 以及较宽的能带,而收缩的原子轨道在固体中的重叠较小,于是给出比较窄的能带。我们已经在前面的章节中定性地用到了这个思想。此处的结果更加定量,并可以延伸到二维和三维的固体中。

如果链中的原子具有其他价电子轨道,也可以通过布洛赫和的方式形成晶体轨道。图 4.3 的上半部分给出了另外一条能带,其来自于指向原子链方向的 p - σ 轨道的重叠。如图 4.4 所示,p 轨道的线性组合对应于 $k = 0$ 和 $k = \pm\pi/a$。于是,同相位的组合为反键重叠,相互作用积分 β 为正值。方程(4.29)表明对于 s 轨道,能带在 $k = 0$ 处而非 $k = \pm\pi/a$ 处取能量的极大值。

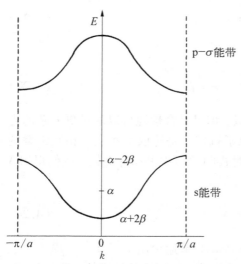

图 4.3　线性原子链中 s 能带和 p - σ 能带中能量与 k 的关系图

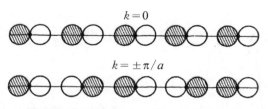

图 4.4　$k=0$ 和 $k=\pm\pi/a$ 的 p σ 轨道重叠

　　一般来说,每个原子轨道都可以产生一条由 N 个不同晶体轨道组成的能带。然而,在更复杂的固体中,不同轨道形成的能带可能在能量上发生重叠。固体中价带和导带的 $E(k)$ 关系曲线被称为**能带结构图**。能带结构图能够提供比态密度更详细的固体中各能级的分布状况。我们将在后面看到,能带结构提供的信息对于解释固体的许多电子性质非常重要。

　　根据图 4.3 所示的一维能带可以计算体系的态密度。每一个允许的 k 值都对应于一个轨道。由式(4.9)可以看出,k 值之间的间隔都是相等的[图 4.5(a)]。图 4.5 还给出了由少量原子($N=8$)产生的轨道能级。能级倾向于集中在能带的顶部和底部。当 N 很大时,k 的允许值之间的间隔将变得非常近,以至于可以把它们看成是连续分布的。然后就会发现态密度在能带的边缘显示出无限大的峰值,如图 4.5 所示。该特征是一维情况下所特有的,与三维情况截然不同。在三维情况下,态密度在带边位置是最低的。我们在一维长链结构的碳氢化合物中可以看到与预测情形相近的结果。图 4.6 为 $n-C_{36}H_{74}$ 的光电子能谱,该能谱主要由碳 2s 轨道电离贡献。强双峰特征来自一个主要由 2s 轨道组成的能带,与图 4.5 所示的一维原子链的态密度非常相似。

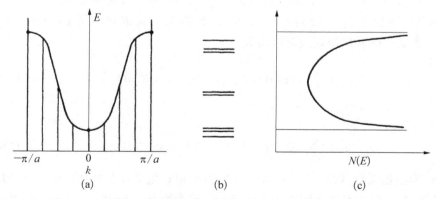

图 4.5　(a) 显示了 $N=8$ 的原子链中 k 允许值的 $E(k)$ 曲线;(b) 由 8 个原子组成的原子链的轨道能量,显示了能级在带顶和带底的聚积;(c) 在 N 非常大的情况下原子链的态密度图

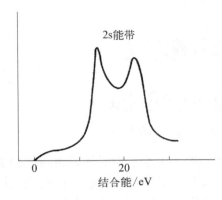

图 4.6　长链烷烃 $C_{36}H_{74}$ 的 X 射线光电子能谱,显示了 2s 能带的态密度(来源于 J. J. Pireau et al. *Phys. Rev. A*, 1976, **14**: 2133)

4.1.3　一维双原子链

在一维单原子链模型中电子相互作用主要来自同一种原子的相互作用,包括金属单质,某些分子固体,甚至一些价带宽度主要由阴离子轨道直接重叠决定的离子固体。但是在很多离子固体中,相互作用往往来自不同种类的原子轨道。这种体系最简单的模型是如图 4.7 所示的由两种不同原子 A 和 B 交替组成的**一维双原子链**。在 3.2.2 节讨论的固体中,主要的价电子轨道是电负性较高的 B 原子上的 p 轨道和电负性较低的 A 原子上的 s 轨道。首先,假设这是系统中仅有的两个原子轨道:即 A 原子只有一个 s 轨道,B 原子只有一个 p σ 轨道,并指向链方向。此时,晶格的晶胞有两个原子和两个原子轨道,其原子间距和单原子情况一样,用 a 表示。虽然现在的晶胞更为复杂,但波函数仍是布洛赫函数。因此,晶体轨道可以像以前一样写成原子轨道的布洛赫和,但每个加和都有来自晶胞中两个原子的贡献。由于存在两个原子轨道,每个 k 值对应的晶体轨道也有两个,分别对应成键和反键组合。

如果位于原子链 n 处的原子 A 和 B 上的原子轨道可以被记为 $\chi(\mathrm{A})_n$ 和 $\chi(\mathrm{B})_n$,那么成键和反键轨道可以写为

$$\psi_k = \sum_{n=1}^{N} \exp(ikna)\left[a_k\chi(\mathrm{A})_n + b_k\chi(\mathrm{B})_n\right] \qquad (4.30\mathrm{a})$$

和

$$\psi_k^1 = \sum_{n=1}^{N} \exp(ikna)\left[b_k\chi(\mathrm{A})_n - a_k\chi(\mathrm{B})_n\right] \qquad (4.30\mathrm{b})$$

a_k 和 b_k 为叠加系数,取决于 A 和 B 原子轨道的相对能量以及重叠程度。该叠加也取决于波数 k,原因可以在图 4.7(b) 中看到,其中给出了 $k=0$ 和 $k = \pi/a$ 处的晶体轨道。在 $k=0$ 时,每个原子一侧的正重叠被另一侧的负重叠全部抵消。因此,s 和 p 轨道不同的对称性意味着在零波矢量下,A 和 B 之间没有相互作用。然后,我们

应该把 $a = 0$ 和 $b = 1$ 代入方程(4.30)，能量只来自 $\chi(A)$ 和 $\chi(B)$。然而，在 $k = \pi/a$ 处，所有的重叠都具有相同的符号。我们现在得到的是一个能量低于 $\chi(B)$ 的成键态组合，以及一个能量高于 $\chi(A)$ 的反键态组合。这就像 3.2.2 节中提到的分子情况一样，如图 3.6 所示。随着 k 向远离零点方向移动，AB 链中轨道之间的相互作用必然逐渐增加，并在 $k = \pi/a$ 时达到最大值。

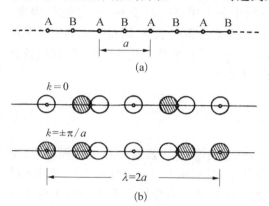

图 4.7　二元 AB 原子链。(a) 包含两个原子的晶胞；(b) 原子轨道 s(A) 和 p σ(B) 在 $k = 0$ 和 $k = \pm\pi/a$ 处的组合。在 $k = 0$ 时没有净相互作用；在 $k = \pm\pi/a$ 时仅显示了成键态组合

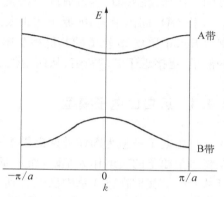

图 4.8　图 4.7 中所示的双原子链的能带结构

图 4.8 显示了一维双原子链的能带结构或 $E(k)$ 图。两个能带的原子成分随 k 变化而变化，尽管下面的能带更多地来自 B 原子贡献，而上面的能带更多来自 A 原子的贡献。我们可以看到在异核 AB 体系中，成键和反键轨道是如何调控能带的宽度的。AB 相互作用的程度取决于 A 和 B 轨道之间的重叠程度，并与原子轨道之间的能量差呈负相关。如果能量差很大，杂化会很小，能带就会比较窄。这对应于高度离子化的情况，其中较低的能带几乎完全由 B 原子轨道组成，而较高的能带主要来自 A 原子的贡献。

图 4.9 绘制了一个更完整的一维双原子链能带结构，包括由 A 原子和 B 原子上的一组 s 和 p 轨道形成的能带。虚线给出

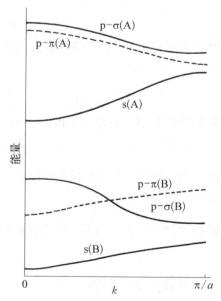

图 4.9　AB 原子链的更完整的能带结构，其中给出了每个能带的主要原子轨道组成

了由 p - π 轨道形成的能带,指向垂直于链方向。读者可以绘制对应不同 k 值的 p - π 组合,并验证它们之间相互作用的最大值位于 $k = 0$ 处,以及零相互作用位于 $k = \pi/a$ 处。该图只展示了完整图像的一半,因为在 $+k$ 和 $-k$ 处的晶体轨道总是具有相同的能量。

一维双原子链模型显示了不同能量的原子轨道之间的共价重叠是如何产生能带的。例如,在 ReO_3 等过渡族金属化合物中其金属特性源于 Re 5d 轨道的展宽。但由于 ReO_3 固体中的 Re 原子相距太远,轨道无法直接重叠,而对带宽的主要贡献来自 Re 5d 和 O 2p 轨道的共价相互作用。Re 原子高氧化态将 5d 轨道拉到比较低的能量,更接近于氧的轨道,从而增强了共价结合。

4.1.4　近自由电子模型

自由电子模型为固体理论提供了一个完全不同的出发点。在这个模型中,不是将每个原子的轨道作为基础,而是完全忽略它们,从电子在固体中自由运动的波函数开始。我们在第 3 章中已经看到,这个理论对简单金属很有效。由于自由电子模型比较简单,它被广泛地用于研究金属甚至半导体的电子特性。这里,我们先看一下它的基本模型,并在以后展示如何通过各种修改使它得到更广泛的应用。

对于在恒定势场中运动的电子,波函数如式(4.11)所示:

$$\psi = \exp(ikx)$$

然而有时候用 $+k$ 和 $-k$ 的简并波函数组合得到的实轨道更方便:

$$\psi_c = \cos(ikx)$$
$$\psi_s = \sin(ikx)$$

我们之前知道 k 与电子的波长有关:

$$\lambda = 2\pi/k$$

对于自由电子,可以用德布罗意公式把粒子的波长和动量 p 联系起来:

$$p = h/\lambda \tag{4.31}$$

结合上面最后两个方程,我们发现动量 p 和 k 成正比:

$$p = \hbar k \tag{4.32}$$

可以计算出电子的能量,即动能:

$$T = mv^2/2 = p^2/(2m) \tag{4.33}$$

与恒定势能 V_0 之和。于是,对于自由电子有

$$E(k) = p^2/(2m) + V_0 = \hbar^2 k^2/(2m) + V_0 \tag{4.34}$$

至此,电子都是在自由空间运动,因为我们完全忽略了晶格周期性的影响。晶体中电子的电势不可能是恒定的,它依赖于电子与最近邻原子之间的距离。在一个周期性的原子链中,电势可能以图 4.10(a)所示的方式变化,这对自由电子波函数有很重要的影响。图 4.10(b)~(d)为周期性势场中不同 k 值对应的 $\cos(kx)$ 和 $\sin(kx)$ 波。对于比较小的 k,其对应的波长较长,电子只经历平均电势,不太可能由于“碰撞”而受到太大影响。然而,当 k 趋于 $\pm\pi/a$ 时,这种效应会变得更强,直到 $k = \pi/a$ 时,余弦和正弦波正好与晶格间距相匹配。$\cos(kx)$ 波函数在势能最低的原子位置有最大的电子密度,而 $\sin(kx)$ 波函数在该位置电子密度为零。因此,这两个波函数必然具有不同的能量。

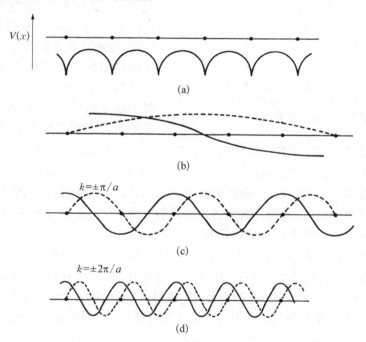

图 4.10　(a) 一维原子链提供的周期性势场。(b) 波长较长的电子感受到的平均势场。(c) 和(d) 为具有适当 k 值的电子波正弦(----)和余弦(———)分量,其波节位于不同原子势的区域

电子在周期性势场中的 $E(k)$ 的关系如图 4.11 所示。虚线给出了方程(4.34)的抛物线,适用于在恒定势场中运动的电子。周期势的影响用实线表示。在 $k = \pm\pi/a$ 处的能量劈裂来自上面提到的余弦和正弦轨道的能量差。我们可以看到,能带在这一点出现了一个能隙。同样的分析表明,当半波长的整数倍与晶格匹配时,会有一个能隙产生,这发生在波数 k 是 $\pm\pi/a$ 的任意整倍数时。图

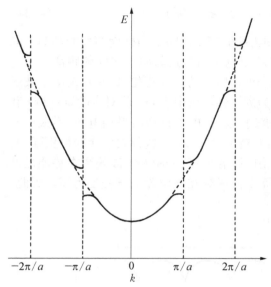

图 4.11　近自由电子能带结构。虚线表示没有晶格势的 $E(k)$ 关系;实线表示引入周期性势场后的效果

4.10(d)和图 4.11 分别给出了 $k = \pm 2\pi/a$ 处的电子波函数及能带的带隙。我们可以认为自由电子模型中的能隙是由晶格中一些电子波的强干涉造成的,而对应的波长恰好满足晶格中电子衍射的布拉格条件。

在化学图像中,固体中的带隙是由不同原子轨道之间或成键组合与反键组合之间的能量差引起的。自由电子模型给出了一个非常不同的观点。在该图像中,带隙来自晶格中自由电子与周期势场的相互作用。然而,这两种观点并非互不相容。原子的势场提供了周期晶格势。在孤立的原子中,相同的势场产生不同能量的原子轨道。固体的能带是由各单原子势之间的相互竞争和它们轨道之间的重叠程度决定的。自由电子模型在轨道重叠很强时非常有效,这时各原子轨道往往会失去它们的全同性。显然,这在过渡族之前的元素形成的简单金属中是非常适用的。然而,在处理共价键较强的固体甚至离子固体时,我们也可以从自由电子的角度出发,尽管这需要更强的周期电势。从化学的角度来看,用重叠的原子轨道来描述这些固体是最容易的。

用稍微不同的方法绘制自由电子能带结构,可以更加清楚地揭示自由电子近似和 LCAO 方法之间的联系。在自由电子近似理论中,波数 k 与电子动量成正比,且可任意取值。而在 LCAO 图中,k 是作为量子数引入的,必须在 $-\pi/a \leqslant k < \pi/a$ 范围内取值,以免重复晶体轨道。假设有一个具有特定 k 值的自由电子波函数,总会有

$$k = k' + 2n\pi/a \tag{4.35}$$

这里,k' 在上面给出的区间中取值,且 n 为整数,进而有

$$\begin{aligned} \psi(x) &= \exp(ikx) \\ &= \exp(ik'x)\exp(i2n\pi x/a) \end{aligned} \tag{4.36}$$

该式的最后一项是一个周期函数,因为将 x 增加一个晶格间距 a 时,函数值不会发生改变。这也正是如式(4.12)所定义的布洛赫函数的形式。所以,可以将任何自由电子波表达为 k 值在 $-\pi/a$ 和 π/a 之间取值的布洛赫函数。可以在自由电子模

型下重新定义 k 的意义,并使所有值平移 $2\pi/a$ 的倍数,使它们同样位于这个区间内。这样做的主要目的是在与 LCAO 理论相同的 k 值范围内绘制自由电子能带结构,其结果如图 4.12 所示。我们发现,重绘的图与图 4.3 中的 LCAO 能带结构在定性上非常相似(图 4.12 中还存在第三个能带,这在 LCAO 方法中来自另一组能量更高的原子轨道)。自由电子和 LCAO 能带图之间的相似性在二维和三维情况中都存在,我们以后会发现它们与一维情况有着重要的区别。在一维晶格中,无论多么弱的周期势,都会在自由电子态中产生能隙。相反,在二维或三维情况下,则需要很强的周期势才会产生带隙。

　　图 4.3 和图 4.12 中用于绘制能带结构的波矢范围通常称为**第一布里渊区**。理解 π/a 和 $-\pi/a$ 对应着相同的晶体轨道对正确地解释这些图至关重要。这在波矢 k 与动量 p 成正比的自由电子中比较

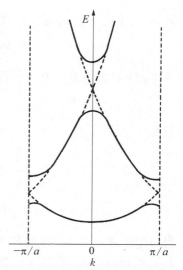

图 4.12　将图 4.11 中的近自由电子能带绘制在第一布里渊区的情形

容易理解。如果一个电子被加速,它的动量会逐渐增加,直到它的波矢达到布里渊区边界,即 π/a 处。然后它会重新出现在图的另一边,具有相反的动量,与 $k = -\pi/a$ 对应。许多关于金属的实验表明,电子确实会表现出这种奇怪的行为。这可以用上面提到的衍射概念进行简单解释。布里渊区边界对应于满足布拉格条件的电子波长。因此,波矢为 $k = \pi/a$ 的电子可以通过衍射转变为 $k = -\pi/a$ 的状态。

4.1.5　有效质量

　　现在我们对 LCAO 和自由电子理论预测的 $E(k)$ 曲线的形状进行定量比较。靠近自由电子能带底部的电子受周期性势场的影响不大,能量可以由方程(4.34)中的无扰动公式给出。同样,LCAO 公式[式(4.29)]也给出类似抛物线形式,例如:

$$E(k) = \alpha + 2\beta\cos(ka)$$

考虑 k 值接近于零的情况,可以用幂级数来展开 $\cos(ka)$:

$$\cos(ka) = 1 - (ka)^2/2 + \cdots$$

所以,对于 LCAO 模型中比较小的 k,有

$$E(k) = (\alpha + 2\beta) - (ka)^2/\beta \tag{4.37}$$

另外,自由电子公式[式(4.34)]为

$$E(k) = V_0 + (\hbar k)^2 / (2m)$$

考虑到 s 轨道的 $\beta < 0$。所以,为了让两式相等,需要:

$$V_0 = \alpha + 2\beta \tag{4.38}$$

以及

$$(\hbar k)^2 / 2m = -\beta(ka)^2 \tag{4.39}$$

于是

$$-\beta = \hbar^2 / (2ma^2) \tag{4.40}$$

自由电子理论中的恒定势能 V_0 可以随意选择,但如果能带的底部要在两个模型中具有相同的形状,则 LCAO 理论中原子轨道之间的相互作用必须与原子间距 a 有关,如式(4.40)所示。简单金属以及其他那些能带产生于价 s 和 p 轨道的强烈重叠的情况都大致遵守该方程。然而,在许多情况下,由原子轨道相互作用所产生的带宽和未经修正的自由电子理论所得到的结果并不一致。由于该模型对于计算固体的物理性质非常有用,因此我们通常会对其进行"调整",以便使其得到更广泛的应用。这可以通过将电子的质量看作一个可变的参数,即用一个有效质量 m^* 代替质量 m。在能带底部,有效质量是通过将修正后的自由电子公式与实际 $E(k)$ 曲线进行拟合来定义的。我们将方程(4.34)改为

$$E(k) = V_0 + (\hbar k)^2 / (2m^*) \tag{4.41}$$

如果 $E(k)$ 是以 LCAO 的形式给出的,由式(4.40)可得

$$m^* = -\hbar^2 / (2\beta a^2) \tag{4.42}$$

因此,宽能带中的电子 $|\beta|$ 较大,具有较小的有效质量,而窄能带中的电子有效质量较大。我们也将会看到,有效质量小的电子确实表现得比较"轻",具有较高的迁移率。而窄带中的"重"电子迁移率较低,很容易被杂质或晶格畸变束缚住。

　　有效质量也可以用更通用的方式定义。如果将方程(4.41)对 k 取二阶导数,将会得到:

$$\mathrm{d}^2 E / \mathrm{d}k^2 = \hbar^2 / m^* \tag{4.43}$$

或者

$$m^* = \hbar^2 / (\mathrm{d}^2 E / \mathrm{d}k^2) \tag{4.44}$$

这表明能带中任意一点的电子有效质量与 $E(k)$ 曲线在该点的曲率有关。通过方

程(4.44)可以推测当电子处于能带顶时, d^2E/dk^2 为负值,因此电子的有效质量 m^* 为负。电子的动力学行为可以通过在固体上施加电场或者磁场来研究。例如,在电场 $\mathscr{E}$ 的作用下,根据牛顿第二运动定律,有效质量为 m^* 、电荷为 $-e$ 的电子的加速度为

$$d^2x/dt^2 = (-e/m^*)\mathscr{E} \tag{4.45}$$

各种实验表明,对于靠近能带顶部的电子, (e/m^*) 确实具有与自由电子相反的符号。一般只有位于费米能级附近的满带的电子才会出现这种情况。孤立的电子很不稳定,很容易通过激发晶格振动而迅速失去能量。然而,我们通常不直接说该电子具有负有效质量,而是把近满带中的载流子称为带正电荷的空穴。这样,每个空穴都有一个正的有效质量。我们将在 4.1.6 节中看到如何用"空穴"的概念来解释接近满带固体的电导率。

4.1.6　电导率

自由电子模型表明,由于晶格周期性而引入的量子数 k ,与电子动量相关,满足如下方程:

$$k = \hbar p$$

因此, $E(k)$ 对于讨论固体中电子的动力学性质非常重要。在这一节中,我们将推导电导率公式。虽然我们局限于一维运动,但实际上这个结果在二维和三维固体中也依然适用。

具有 $+k$ 和 $-k$ 的轨道具有相同的能量,所以固体的基态是数量相同的电子朝相反方向运动的状态。因此,基态中电子的净运动为零,从而没有电流产生。如图 4.13(a)和(b)所示, $E(k)$ 图中较粗的线表示能带内被占据的能级。图 4.13(a)为满带,在该能带中朝一个方向上运动的电子数量不可能比朝另一个方向上运动的电子多,从而不可能出现电子传导。这与第 1 章中讨论的绝缘体的标准图像对应。而图 4.13(b)给出了部分填充的能带示意图,在该能带中,每个电子的波矢 k 都可以从基态对应的值变为其他值,从而产生电荷的净位移。假设每个电子的波矢从基态改变了 δk 。对于自由电子,速度 (v) 的变化量为

$$\delta v = \delta p/m = \hbar\delta k/m \tag{4.46}$$

在更一般的情况下,电子质量 m 必须用有效质量 m^* 代替。每个电子携带的电流是它的电荷乘以它的速度,由于基态没有净电流,所以可以通过带内所有电子的速度变化相加来计算 k 值发生平移时所产生的电流。如果有 n 个电子,则电流 i 为

$$i = -ne\delta v = -ne\hbar\delta k/m \tag{4.47}$$

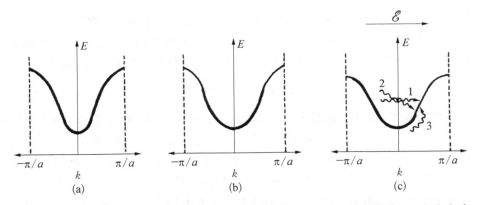

图 4.13　电导示意图。(a) 满带,没有电子的净移动,(b) 未被填满的能带:无电流流动,
(c) 电场作用下电子 k 值发生平移。粗线表示被填充的能级。图中也给出了三
种散射过程,1 为缺陷或杂质的弹性散射;2 和 3 为晶格振动相互作用导致的伴随
能量损失或获得的非弹性散射

　　图 4.13(c) 所示的电流导通态比基态具有更高的能量,这是因为一些电子跃
迁到能带中更高的轨道上。在撤掉外电场之后,这种状态在正常金属中会迅速衰
减到基态。这是因为真实的固体并不是完美的周期性晶体,其晶格的规律性不仅
受到缺陷和杂质的干扰,而且受到晶格振动的干扰。而布洛赫函数及其相关的波
数 k 依赖于完美的晶格周期性。这些扰动都会使不同 k 值的轨道发生交叠。从物
理的角度来讲,这意味着如果一个电子的初始态为 k 态,它可以被散射到另一个具
有不同 k 值的状态。图 4.13(c) 中给出了两种可能的散射过程:

　　(1) 缺陷或杂质的弹性散射(图中用 1 表示):这将改变电子的 k,但不改变电
子的能量。

　　(2) 与晶格振动相互作用而产生的非弹性散射(图中用 2 和 3 表示):这将改
变电子的能量,这个过程将产生或者破坏一个晶格振动的量子(即声子)。

　　由晶格振动产生的电子散射随着温度升高而增强,而由静态杂质和缺陷产生
的散射很大程度上与温度无关。

　　在极低温的超导体中,散射过程会受到抑制。但在普通金属中,只有当电子在
外加电场 $\mathscr{E}$ 中连续加速时,电流才会持续存在。电场中电子受到的力等于 $-e\mathscr{E}$,
根据牛顿第二定律:

$$\mathrm{d}p/\mathrm{d}t = -e\mathscr{E} \tag{4.48}$$

采用波数的形式,上式可以写成

$$\hbar\,\mathrm{d}k/\mathrm{d}t = -e\mathscr{E} \tag{4.49}$$

假设一个电子连续两次散射之间的平均时间为 τ,在该时间内,电场将使每个电子

的波数增加：

$$\delta k = -\tau e\mathcal{E}/\hbar \tag{4.50}$$

这给出了在外加电场作用下可以保持的波数的变化。结合式（4.47），流经金属的电流为

$$i = (ne^2\tau/m)\mathcal{E} \tag{4.51}$$

电场和电流之间的正比关系即为欧姆定律。由此，电导率也可简单地表示为

$$\sigma = ne^2\tau/m \tag{4.52}$$

　　该结果对三维金属中的电子也是成立的，并且可以被用来计算散射时间 τ。对于处在液氦温度下的纯净的铜，电导率可以高达 $10^{11}\ \Omega^{-1}\cdot cm^{-1}$，$\tau$ 大概为 2×10^{-9} s。这看起来非常小，但要知道在这段时间内，铜费米面上的电子的移动距离可达 0.3 cm 左右。室温下，对于掺杂的样品，散射时间和电导率可能下降 10^5 倍。

　　我们利用未加修正的自由电子理论导出了方程（4.52）。只要用有效质量 m^* 代替自由电子质量 m，就可以得到一个更具普适性的公式。然而，这个简化的理论前提是假设所有电子的质量都是 m^*。然而，电子的有效质量依赖于 $E(k)$ 曲线的曲率，所以能带中的所有状态不可能完全相同。当能带底部附近的电子相对较少时，用 m^* 代替方程（4.52）中的 m 仍然可作为一个有效的近似，因为在这个区域 m 几乎是常数。然而，当能带接近填满时，这一定是行不通的。此时，用上一节的空穴公式则更准确。

　　图 4.14 给出了在基态（a）和在电场 $\mathcal{E}$ 中（b）都接近填满的能带。和之前一样，每个被占据的电子态都在电场作用下向 k 值减小的（更负）方向移动，而未占据态向 k 值增大的（更正）方向移动。我们将每个未填充能级当成具有正电荷和正质

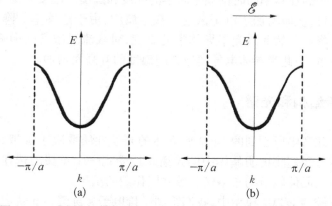

图 4.14　近全满能带的电导。（a）基态；（b）在电场作用下电子
向 $-k$ 方向移动，空穴向 $+k$ 方向移动

量 m_h 的空穴。空穴质量由缺失电子的有效质量给出：

$$m_h = - m^*　　　　　　　　　　　　　　　　(4.53)$$

在平均散射时间 τ 中，每个空穴都被加速，得到的波数变化为

$$\delta k = + \tau e \mathscr{E} / \hbar　　　　　　　　　　　(4.54)$$

另外，p 个波数为 k 的空穴所携带的电流(i)为

$$i = + pe\hbar\delta k/m_h = (pe^2\tau/m_h)\mathscr{E}　　　　　(4.55)$$

因此，由空穴提供的电导率与电子电导率非常相似：

$$\sigma_h = pe^2\tau/m_h　　　　　　　　　　　(4.56)$$

这一结果的重要性在于，它表明一个具有几乎填满能带的固体的电导率并不直接取决于电子，而是取决于未填充能级的数量，即能带中空穴的数量。

方程(4.52)和方程(4.56)将固体电导率与其载流子数量联系起来。然而，单独测量电导率并不能给出载流子数量，因为它还与其他一些重要因素有关，如载流子的有效质量，以及载流子受到晶格振动或缺陷而产生散射的频率。常见的方法是通过定义与电导率有关的电子迁移率 μ 来分离这些因素。

$$\sigma = ne\mu　　　　　　　　　　　　　(4.57)$$

由式(4.52)可知，自由电子理论中电子的迁移率为

$$\mu = e\tau/m　　　　　　　　　　　　　(4.58)$$

对于近满带中的空穴也可以写出类似的方程。我们稍后将看到，可以对固体中不同载流子的迁移率和浓度进行独立的估算。

电子和空穴的迁移率同时依赖于固体的纯度和温度。温度升高会增加热激发晶格振动的数目，从而增加了电子散射。在金属中，由于迁移率的降低，电导率随温度的升高而降低。然而改变半导体中的温度，对载流子浓度的影响要比对迁移率的影响大得多，因此半导体电导率通常随温度的升高而增加。

4.1.7　能带结构和光谱

正如在前几章中所看到的，非金属固体的光学性质取决于价带和导带之间的电子跃迁。本节我们将证明晶体中的光谱跃迁受到一个重要的选律支配，这是晶格周期性和组成晶体轨道的布洛赫函数共同作用的结果。

在单原子链的 LCAO 模型中，我们绘制了价电子 s 轨道和 p 轨道的能带图(图4.3)。假设 s 带是满的，p 带是空的，然后把一个电子从满带激发到空带。初始轨

道 ψ_i 和最终轨道 ψ_f 之间的光谱跃迁概率取决于以下积分：

$$\int \psi_f^* \hat{\mu} \mathscr{E} \psi_i \tag{4.59}$$

其中，$\mathscr{E}$ 为辐射的电场矢量；$\hat{\mu}$ 为偶极矩算符。在晶体中，初始轨道和最终轨道均为对应于能带的布洛赫函数，而跃迁积分可以按原子轨道展开。用如图 4.15 所示的图像表示轨道会使问题更容易理解。可见光或紫外光辐射的波长比晶体中的晶格间距要大得多，因此辐射在相邻原子上的电场几乎是同相的。图 4.15 给出了每个原子上的跃迁偶极子，其由初始和最终晶体轨道的重叠程度决定。对于从 s 带的 $k=0$ 的点到 p 带的 $k=0$ 的点之间的跃迁，原子的跃迁偶极子全都是同相的，所以将与电场一起给出一个非零的跃迁积分 [式(4.59)]。然而，不同 k 态之间的跃迁在每个原子上的跃迁偶极子都具有不同的相位，从而造成相互抵消。图 4.15(c)显示了从 s 带的非零 k 点到 p 带的相同 k 点之间的跃迁。此时，跃迁偶极子再次处于同相位。

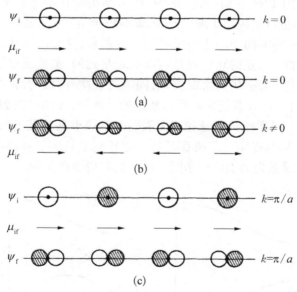

图 4.15　不同能带之间的光谱跃迁。(a) 在 s 带 $k=0$ 态和 p 带 $k=0$ 态之间的跃迁：跃迁偶极子同相，(b) 在 s 带 $k=0$ 态和 p 带 $k \neq 0$ 态之间的跃迁：跃迁偶极子反相，(c) 在具有相同非零 k 值的两个不同态之间的跃迁：跃迁偶极子再次同相

　　虽然以上只是定性地讨论，但是结果却很清晰：跃迁只允许发生在具有相同 k 值的布洛赫函数之间。于是有如下的选律：

$$\Delta k = 0 \qquad\qquad\qquad (4.60)$$

因此,在 $E(k)$ 能带结构图中,允许的跃迁仅限于垂直向上或向下。

　　按照自由电子模型中的波数与动量的关系,式(4.60)中关于 k 的选律还有另外一个层次的物理意义。由于可见光和紫外光的波长较长,因而动量非常小。因此,式(4.60)表达的是动量守恒定律,即在跃迁过程中电子的动量不发生改变。

　　我们稍后将运用选律展示如何通过光电子能谱直接测得 $E(k)$ 关系曲线。就目前而言,首先可以看到该定则对固体的光学吸收光谱有重要的影响。图4.16显示了从价带向导带跃迁可能出现的两种情形。图4.16(a)中的能带结构展示了价带顶和导带底具有相同的 k 值情形(尽管 $k=0$ 是最常见的情形,但这里并不要求 k 一定等于0)。在这样的固体中,能量最低的带间跃迁是被允许的。这被称为**直接带隙**,常见于离子和共价绝缘体。而在图4.16(b)中,能量最低的跃迁需要改变电子的 k。根据选律,这是不允许的,称为**间接带隙**。这种间接带隙出现于硅(Si)、溴化银(AgBr)等固体中,它们的(三维的)能带结构将在本章后半部分进行讨论。当然,相同的选律也可以应用于发射光谱,此时电子是从激发态回到较低的未填充能级。间接能隙同样倾向于阻止电子和空穴的复合,这是由于从导带底到价带顶的跃迁是被禁止的。禁止的跃迁还是可以被观察到的,虽然强度比允许的跃迁要弱得多。与分子及复合物中的情况类似,固体的选律有时也会被打破,例如,在中心对称的复合物中,d - d跃迁是被严格禁止的。然而,振动可以破坏该对称性,使得跃迁得以发生。同样地,k 的选律很大程度上依赖于晶格完美的周期性,其也可以被晶格振动破坏,这是由于晶格振动在一定程度上破坏了晶格的周期性。尽管如此,k 选择定则对最强的那些电子跃迁还是具有指导意义的。

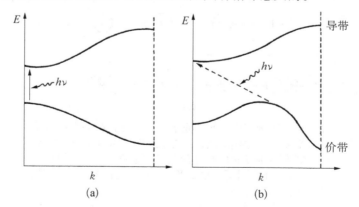

图4.16　直接带隙和间接带隙。(a)从价带到导带最低能量的跃迁,不改变电子波矢,所以跃迁是被允许的。(b)价带顶和导带底具有不同的波矢,所以跃迁是被禁止的

4.2　二 维 情 形

　　二维模型在简单的一维模型和真实三维固体模型之间起到了桥梁作用。同时,存在许多具有层状结构的固体,其中最强的相互作用来自同一层内部的原子之间。在这样的固体中,首先采用不考虑层间相互作用的二维模型不失为一个好的近似。类似于一维情况,首先采用 LCAO 法,然后将它与自由电子模型相比较。

4.2.1　正方晶格的 LCAO 模型

　　最简单的二维晶体是由位于晶格常数为 a 的正方形晶格的同种原子组成的,如图 4.17 所示。

　　图 4.17 给出了原子的标记方案:在二维空间,需要用一对数字 (r, s) 分别给出原子在 x 和 y 方向的位置。

　　和一维原子链一样,首先假设原子只有一个 s 价轨道,标记为 $\chi_{r,s}$。在 LCAO 法中,晶体轨道形式如下:

$$\psi = \sum_{r,s} c_{r,s} \chi_{r,s} \qquad (4.61)$$

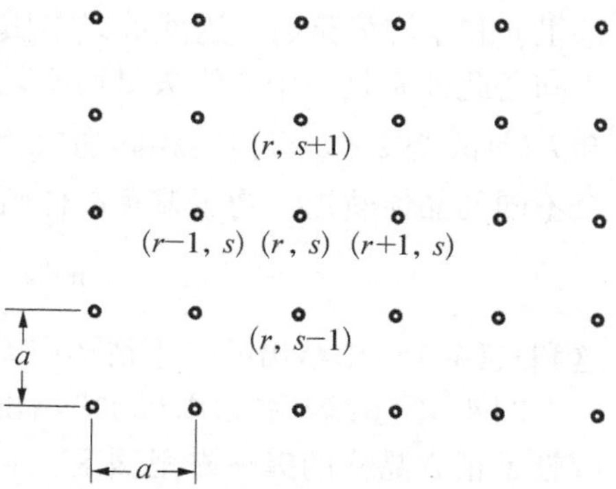

图 4.17　正方晶格及其格点标记示意图

原子轨道系数 $c_{r,s}$ 由晶格周期性决定,同样是一个布洛赫和,这是一维情况的简单扩展。

$$c_{r,s} = \exp(irk_x a + isk_y a) \qquad (4.62)$$

正如每个原子需要两个数字来定位一样,每个布洛赫和也需要两个量子数 (k_x, k_y) 来表示其在晶格中的行为。图 4.18 为不同 (k_x, k_y) 值对应的轨道的实部。可以看到轨道在二维情况下呈波状,而 k 值表示波的方向和长度。我们将 $k = (k_x, k_y)$ 称为电子的波矢,它指向于波函数变化最大的方向,且其大小和波长的关系由下式给出:

$$\lambda = 2\pi/|k| = 2\pi/(k_x^2 + k_y^2)^{1/2} \qquad (4.63)$$

如果有一个正方形数组,每个方向上有 N 个原子,类比于一维模型,k 的取值为

$$(k_x, k_y) = (2\pi/Na)(p, q) \qquad (4.64)$$

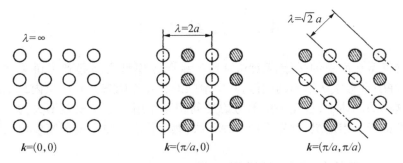

图 4.18　不同 $\boldsymbol{k}$ 值对应的 s 轨道的组合。阴影圆圈代表负的系数。
同时图中也给出了波的方向和波长

这里 p 和 q 均为整数。这些等式本质上和 4.1.2 节讨论的一维情形一样。唯一的不同是此处 $\boldsymbol{k}$ 是一个二维矢量而不是一个简单的数字。从式(4.62)可以看出，k_x 和 k_y 每改变 $2\pi/a$ 会得到相同的轨道系数，因此通过 N^2 个原子轨道只能得到 N^2 个不同的晶体轨道。为了避免晶体轨道重复，将 $\boldsymbol{k}$ 限制在如下范围：

$$-\pi/a \leqslant k_x,\ k_y \leqslant \pi/a \tag{4.65}$$

这和式(4.18)中给出的一维情形中 $\boldsymbol{k}$ 值范围非常相似。

　　图 4.19(b)表明式(4.65)中给出的波矢范围为以原点为中心的正方形。该范围就是正方晶格的**第一布里渊区**。它在 LCAO 模型中的物理意义很简单，即给出了能够从给定的一组原子轨道集生成不重复的所有晶体轨道的 $\boldsymbol{k}$ 值最小范围。布里渊区的形状取决于晶格类型，且有时并不像简单正方晶格那么明显。构建第一布里渊区的通用方法取决于倒(易)晶格的数学理论(见附录 B)。

　　有了晶体轨道的形式，我们就可以像在一维情形中那样计算它们的能量。由图 4.18 可以看出，s 带能量最低的轨道对应的 $\boldsymbol{k} = (0,0)$，其中所有组合都是同相的。随着 $\boldsymbol{k}$ 大小的增加，波函数中将出现波节，从而能量也随之增加。通过 4.1.2 节介绍的 Hückel 近似，可以计算得到如下表达式：

$$E(\boldsymbol{k}) = \alpha + 2\beta\{\cos(k_x a) + \cos(k_y a)\} \tag{4.66}$$

和之前一样，α 为孤立的原子轨道能量，而 β 为相邻原子轨道之间的相互作用积分。上式仅包含四个近邻原子之间的相互作用，但不难将距离更远的原子也考虑进来。

　　由于 $\boldsymbol{k}$ 是一个二维矢量，因此 $E(\boldsymbol{k})$ 关系便不像一维那样容易得到。图 4.19 给出了 $E(\boldsymbol{k})$ 关系的三种不同表示。图 4.19(a)由式(4.66)获得，且仅显示了第一布里渊区的四分之一，而剩余部分与其完全一致。图 4.19(b)通过在整个区域内绘制等能线，更好地描述了这种对称性。但是这种等能线很难同时表示几个不同的能带,而且在三维情况下使用不便。因此,绘制能带结构最常用的方法就是在布里渊区沿一些特定的直线选择 k 值。图 4.19(c)给出了按照如下路径变化的 k 值对应的能量曲线,k 先从(0, 0)变化至(π/a, 0),然后从(π/a, 0)变化至(π/a, π/a),再返回至(0, 0)。能带理论中,在布里渊区中心和边界的不同 k 值会被标记,这和分子对称性的不可约表示类似。晶格的对称性可以用**空间群**而非孤立分子的点群来描述,所幸在此我们不需要建立详细的空间群理论。如图 4.19(c)所示,为了方便,我们用一些缩写符号表示不同的 k 值。在正方形晶格中,Γ 表示(0, 0),X 表示(π/a, 0),M 表示(π/a, π/a)。

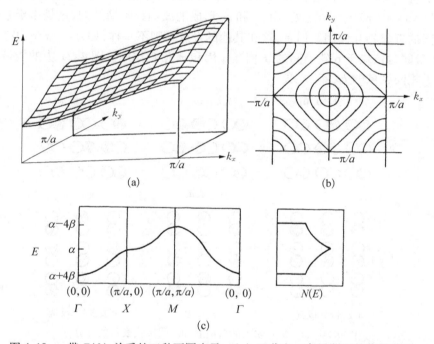

图 4.19　s 带 $E(\boldsymbol{k})$ 关系的三种不同表示。(a) 四分之一布里渊区的能量曲面;
　　　　(b) 等能线,显示了该区域的对称性;(c) k 值沿三角形路径变化给出
　　　　的能量曲线,显示出能量的最大值、最小值及态密度

　　图 4.19(c)中所示的能带结构并不能完整地给出所有晶体轨道的能量。确定 k 的取值范围是为了代表性地给出轨道的能量范围,包括最大值和最小值。由于 $E(\boldsymbol{k})$ 函数的对称性,图中 k 的三角形取值路径中的能量在整个允许的 k 取值范围中被重复了八次。

　　可以看到对于正方晶格的 s 带,能带的总宽度等于 8|β|,是一维情形的两倍。这是由于每个原子有四个而非两个最近邻原子。更普遍的情况下,如果每个原子具有 z 个最近邻原子,预测总能带宽度为

$$W = 2z \mid \beta \mid \tag{4.67}$$

图 4.19(c)同时给出了能带的态密度,其形状与图 4.5 所示的一维能带的态密度大不相同。对于有限的正方晶格,允许的 k 值组成了一系列在布里渊区均匀分布的点。给定范围内的能级数目必须通过相邻两条 $E(k)$ 等能线之间的面积来计算,而该面积无法直接计算。二维自由电子模型也在能带边缘给出了有限大小的台阶(对比于一维模型中无限大的尖峰),这将在下一节中进行讨论。

我们可以将前面介绍的关于 s 带的理论扩展到更多价轨道中。例如,图 4.20给出了由 p_x 和 p_y 轨道在三个不同 k 值处组成的布洛赫和。可以看到,在 $k = (0, 0)$ 和 $k = (\pi/a, \pi/a)$ 处,由 p_x 和 p_y 形成的波函数是简并的,这是由于它们具有相同的近邻相互作用。但是,这在其他的 k 点处则不一样,如 $k = (\pi/a, 0)$。 此时,能量同时依赖于 p 轨道间的 σ 相互作用和 π 相互作用。图 4.21 中的能带结构给出了相同区域的 $E(k)$ 关系。

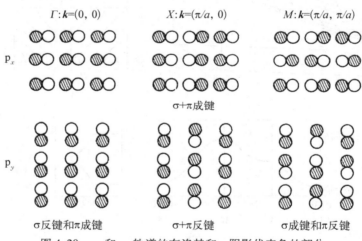

图 4.20　p_x 和 p_y 轨道的布洛赫和。阴影代表负的部分

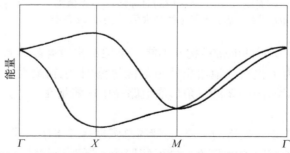

图 4.21　图 4.20 中 p_x 和 p_y 基轨道的能带结构,其中 k 值
路径和图 4.19 中相同

4.2.2　近自由电子

同 LCAO 理论一样,二维体系中的自由电子模型可以由 4.1.3 节中讨论的一维情形扩展而来。电子的波函数可以用具有两个分量的矢量 $\boldsymbol{k} = (k_x, k_y)$ 来标记:

$$\psi_{\boldsymbol{k}}(x, y) = \exp(\mathrm{i}k_x x + \mathrm{i}k_y y) \tag{4.68}$$

波矢 $\boldsymbol{k}$ 正比于电子动量 $\boldsymbol{p}$,既给出了 $\boldsymbol{p}$ 的方向又给出了它的大小,所以

$$(p_x, p_y) = \hbar\,(k_x, k_y) \tag{4.69}$$

对于波长较长或动量较小的电子,晶格中周期性势场的作用可以忽略。于是,在平均势场 V_0 中运动的电子能量为

$$\begin{aligned} E &= V_0 + (p_x^2 + p_y^2)/(2m) \\ &= V_0 + (\hbar^2/2m)(k_x^2 + k_y^2) \end{aligned} \tag{4.70}$$

图 4.22 描绘了自由电子的 $E(\boldsymbol{k})$ 方程。图 4.22(a) 给出了计算机生成的能量曲面,而图 4.22(b) 给出了投影在 (k_x, k_y) 平面内的环形等能线。

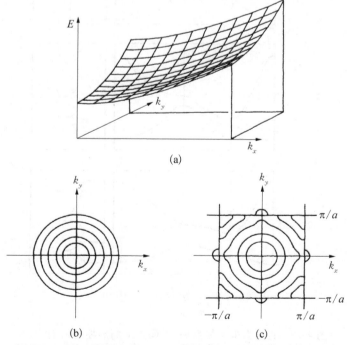

(a)

(b)　　　　　　　　　　　(c)

图 4.22　近自由电子模型。(a) 能量曲面;(b) 没有周期势情况下的等能线;(c) 弱周期势对等能线的影响

　　接下来考虑正方晶格中原子周期性势场的影响。我们已经在一维晶格中认识到,周期性势场与电子的相互作用在电子波的周期和晶格周期匹配的时候显得尤为重要。此时,晶格常数 a 为半波长的整数倍,这在二维情形中同样成立。当 k_x 或 k_y 等于 $\pm\pi/a$ 时,正弦波和余弦波具有不同的能量,正如图 4.10 中所示的一维情况。图 4.22(c) 给出了处于布里渊区边界上的 k 值,电子与晶格之间的强相互作用使得能量不连续,且等能线发生变形。

　　和一维情形一样,绘制能带结构需要重新定义自由电子波矢。为了约束 k 的取值范围,将 k_x 和 k_y 均移动 $2\pi/a$ 的整数倍,以便所有的 k 值均落入第一布里渊区。于是,可以像前面所介绍的画 LCAO 能量曲线那样,将 $E(k)$ 关系绘制在第一布里渊区中相同的 k 值路径上。图 4.23(a) 给出了没有周期势参与的自由电子能量曲线。最底端的抛物线对应于比较小的动量值,其 k 点最初位于布里渊区内。

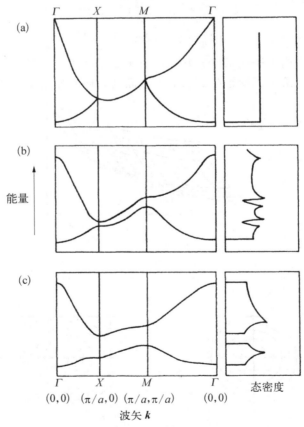

图 4.23　近自由电子模型中,不同强度的周期势所对应的能带结构和态密度:(a) 没有周期势;(b) 弱周期势;(c) 强周期势

能量较高的能带对应于动量较高的态,其 k 点是被平移到第一布里渊区内的。图中同样给出了二维晶格中自由电子的态密度。我们在第 3 章(3.3.1 节)给出了三维晶格中自由电子的态密度。同样的讨论也适用于二维情形。有兴趣的读者可以证明所得到的 $N(E)$ 曲线在能带底上方为常数,就像图中给出的那样。

　　图 4.23(b)给出了弱周期势场的作用。可以看到,类似在一维情形中,在布里渊区边界上出现了能量的劈裂。在一维情形中,即使是非常弱的周期势场也能在两个能带之间产生一个带隙,但在二维体系中却不是这样。这是由于与一维体系相比,二维体系中的电子多了一个运动自由度:尽管在朝一个方向运动的电子达到布里渊区边界时总会在 $E(k)$ 关系上出现一个带隙,但对于朝晶格另一个方向运动的电子,该带隙出现在不同的能量位置上。尽管如此,如图 4.23(c)所示,在二维(或三维)体系中,带隙可以在周期势场足够强的情况下出现。图中最低的能带和 LCAO 模型中的 s 带非常相似,而自由电子模型和 LCAO 模型的相似性可以像在一维情形中一样进行处理。例如,可以用有效质量代替自由电子质量来修正自由电子理论。

　　如图 4.23(b)所示,即使在不能产生带隙的弱周期势场中,$E(k)$ 曲线上能量的不连续性也会导致态密度畸变。当电子波矢到达布里渊区边界时,会出现能态堆积,在态密度曲线上出现一个峰值,并在峰值上方陡降。在三维的近自由电子模型中也是如此。我们将在 4.3.2 节中看到,该特征还可以被用来理解金属合金中晶体结构随价电子数目的变化。

4.2.3　霍尔效应

　　我们已经在 4.1.6 节中讨论过一维自由电子模型中电子在电场中的运动。二维体系中额外的自由度可以让我们看到对固体施加磁场时的情况。在垂直磁场方向运动的带电粒子会受到横向力,导致了**霍尔效应**的产生。假设有一个导电薄板,如图 4.24 所示,在垂直薄板方向施加磁场 B_z。如果在沿 x 方向电场的驱动下产生

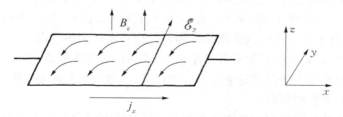

图 4.24　霍尔效应中场的几何关系。曲线箭头给出了磁场(B_z)
　　　　　中电子的初始运动路径。样品边缘电荷迅速积累,并
　　　　　产生内建电场($\mathscr{E}_y$)

电流 j_x，电子会试图做曲线运动。若在 y 方向电流不被允许，电荷便会在薄板的两侧边缘处迅速积累，产生刚好使电子只能沿 x 方向运动的内建电场 $\mathscr{E}_y$。该电流导致的沿 y 方向的电势则被称为**霍尔电压**。对于自由电子，霍尔系数的大小可以这样计算。

如果电流 j_x 来自载流子浓度为 n，电荷为 $-e$ 的电子，则每个电子的平均速度为

$$v_x = -j_x/(ne) \tag{4.71}$$

在磁场 B_z 作用下，一个电子受到的洛伦兹力（F_y）：

$$\begin{aligned} F_y &= ev_x B_z \\ &= -j_x B_z/n \end{aligned} \tag{4.72}$$

当电子仅在 x 方向运动时，洛伦兹力被 y 方向的电场力平衡，则该电场为

$$\begin{aligned} \mathscr{E}_y &= F_y/e \\ &= -j_x B_z/(ne) \end{aligned} \tag{4.73}$$

该比值：

$$R_H = \mathscr{E}_y/j_x B_z \tag{4.74}$$

即**霍尔系数**（R_H），对于自由电子其大小为

$$R_H = -1/(ne) \tag{4.75}$$

该结论同样适用于近满带中的空穴，将会得到：

$$R_H = 1/(pe) \tag{4.76}$$

其中 p 为空穴浓度。

不难理解为什么 R_H 同 n 或 p 成反比。如果给定的电流只有很少的载流子，每个电子或者空穴必定运动得更快，所以在磁场中受到的力也更大。

该霍尔系数的公式对三维体系依然成立，这是因为电子在 z 方向上的运动不会产生额外的力，如图 4.24 所示。大多数单价金属如钠和铜，均具有负的霍尔系数，这与自由电子理论的预测结果非常吻合。但在其他很多情况下，可以发现严重的偏离。例如，铍和铝的霍尔系数都是正的，表明电流更多地来自空穴而非电子的贡献。正确处理这些情况需要更加复杂的计算，但显而易见的是，周期势场对电子运动有着至关重要的影响。

霍尔效应最重要的应用是在半导体中，它们可通过掺杂引入载流子。通过式（4.75）和式（4.76）可以看到，载流子类型（电子或空穴）和浓度可以由霍尔系数的符号和大小进行估判。如果已知导电率，同样可以获得在 4.1.6 节中定义的载流

子迁移率。

4.2.4 石墨的电子结构

具有层状结构的固体的电子能级取决于层内原子轨道的交叠情况,通过近似处理忽略了层间的相互作用。在本节中,我们将研究该类固体最简单的代表——石墨的电子结构。图 4.25 显示了单层石墨中的每个碳原子如何与其他三个碳原子连接在一起。在两个相邻原子之间,每个原子的 s 轨道和面内的 p_x、p_y 轨道形成了 σ 键,于是就和第 3 章 3.2.1 节中讨论的四方金刚石晶格一样,形成了一个 σ 成键态能带,以及一个空的反键态能带。石墨独特的电子性质源于每个碳原子第四个价电子,它们占据了垂直于原子层的 p_z 轨道,并被纳入 π 键中。接下来要详细讨论形成 π 键的晶体轨道。

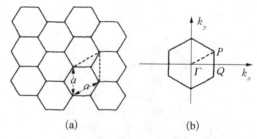

图 4.25 (a) 单层石墨的结构,该晶胞包含两个碳原子;(b) 六方晶格的布里渊区以及高对称点 Γ、P 和 Q

正如图 4.25,单层石墨的晶胞包含两个原子。尽管从对称性来讲,它们是等价的,但是从构成晶格的平移操作来看,两个原子并不等价。就像二元原子链那样(见 4.1.3 节),两个原子均对原子轨道的布洛赫和有贡献。于是对于每一个 k 值,两个相邻原子之间都有两种组合,大多数情况下,一种是占主导的成键态,另一种为反键态。图 4.26 展示了这些组合中的一些例子。两个 $k = (0, 0)$ 的轨道是完全成键或反键的,分别给出了 π 带中可能的能量最小值和最大值。

当 k 沿着 x 方向增加时,开始在波函数的该方向上引入节点。图 4.26(b) 为 $k = (2\pi/\sqrt{3}a, 0)$ 处的成键态与反键态组合。在较低能量轨道上,每个原子有两个成键近邻以及一个反键近邻,而较高能量轨道上情况正好相反。该 k 值位于布里渊区边界,其波矢对应于图 4.25(b) 中的 Q 点。由于晶格对称性,有六个和 Q 点等价的 k 点。它们位于从对称性角度讲彼此等价的方向上对应于波长相同的波,且给出能量相同的轨道。

另外一个有意思的 k 点位于与 x 轴呈 30°夹角的方向上,对应于图 4.25(b) 中的 P 点。P 点的轨道组合如图 4.26(c) 所示。很明显这两种组合都是完全不成键的。每一个组合都位于一组不同的非等价原子上,且没有最近邻相互作用。这是由该 k 值处的 LCAO 系数形式造成的。如果用 P 点的两个晶体轨道构造成键态和反键态的组合,每个原子都具有轨道系数为+1、-1/2 和 -1/2 的近邻原子。于是,净成键相互作用为零。

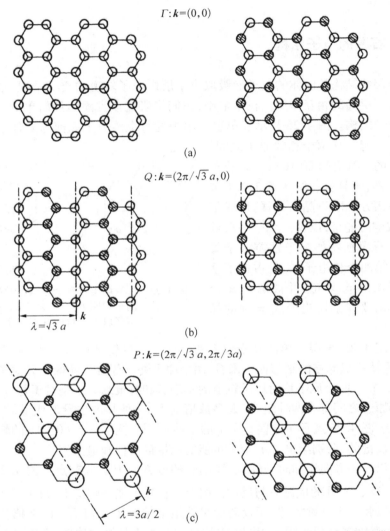

图 4.26　石墨中不同波矢的 p_z 轨道的布洛赫和,其中负的 LCAO 系数用带阴影的圆圈表示,在 P 点的非零系数为+1 和-1/2

　　由于对称性的存在,由 PQ 标记的 k 值的三角形区域的能量值 $E(k)$ 在布里渊区内被重复了 12 次,所以只需要考虑该三角形内的区域。图 4.27 展示了能带结构的两种表示形式。图 4.27(a)给出了成键带和反键带的 $E(k)$ 曲面,可以清楚地看到两个能带是如何在非成键 P 点处相互接触的。图 4.27(b)是一个更加传统的能带结构图,画出了 k 从 $\Gamma=(0,0)$ 到 P 再到 Q 点的能量走势,其态密度再次显示了两个能带的相互接触。

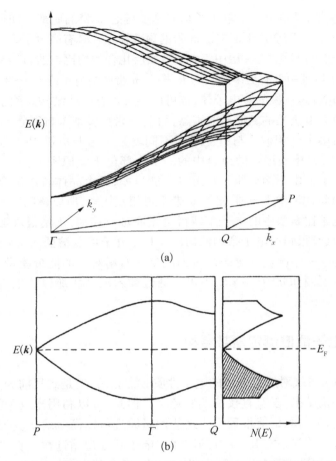

(a)

(b)

图 4.27　石墨 π 带的 $E(\boldsymbol{k})$ 曲线。(a) ΓPQ 三角形区域的能量
曲面,显示了成键带和反键带在 P 点的接触;(b) 能带
结构和态密度曲线,虚线为石墨的费米能级

　　每一个成键和反键的 π 带都能在一个石墨晶胞中容纳两个电子。石墨中每个
碳原子都有一个电子,于是下面的能带被填满,而上面的能带为空带。我们可以从
态密度图中看出石墨是一类并不常见的固体,它没有带隙但费米能级处的态密度
却为零。这类固体被称为**半金属**(semi-metal)。事实上,石墨中原子层间的相互作
用会使两个能带之间产生轻微的交叠。但石墨是一个不良导体,其载流子浓度比
大多数金属要低得多。

　　将原子或者分子插入石墨原子层之间可以形成一系列有趣的**插层化合物**。在
这些化合物中,客体与石墨主体之间可能存在着高度的电荷转移。无论是电正性
还是电负性的客体都可以被引入,典型的例子有 LiC_6 和 C_8Br。如果引入的是电正

性元素,如碱金属,其给出一个电子并填充到反键态 π 带的底部。如果引入的是电负性元素如 Br,电子则会从下面成键 π 带的顶部移走。具有高电子亲和性的分子如 AsF_5 和 PtF_6,也可以被插入夹层中。大多数插层化合物均比纯的石墨具有更高的电导率,这是由于体系中具有更多的载流子,即上 π 带中的电子或下 π 带中的空穴。

氮化硼(BN)是石墨的等电子体,也可以形成六方层状结构。除了较低能带更多源于具有更大电负性的氮原子的贡献,而上 π 带更多地来自硼原子的贡献外,其能带结构与石墨十分相似。与石墨最大不同就是位于非成键 P 点处的轨道。在 BN 中,图 4.26(c)中所展示的组合中的一个全部位于氮原子上,而另一个组合全部位于硼原子上。由于两组原子轨道具有能量差,两个晶体轨道组合不再具有相同的能量。因此,BN 中上 π 带和下 π 带不再相互接触,所以该固体为绝缘体。较低能带中的电子比石墨中的电子束缚得更紧而难以移动,于是很难形成插层化合物。实际上,具有很强的电子亲和性的 $(SO_3F)_2$ 分子可以被插入 BN 夹层中,但这是目前已知的唯一情况。反键态能带的能量比石墨对应的能带能量高,因而更难被占据。可能正因如此,在 BN 中不可能通过插入碱金属那样的电正性客体来形成插层化合物。

4.2.5　光电子能谱测定能带结构

虽然 $E(\boldsymbol{k})$ 曲线对解释固体的电子性质非常有用,但是到目前为止,它都被认为只是一个理论结果,没有直接的实验意义。但是,可以利用光电子能谱对 $E(\boldsymbol{k})$ 进行直接测量,进而验证能带理论。这些测量原理可以简单地从波矢 $\boldsymbol{k}$ 的两个重要性质来理解。首先,我们已经看到固体中电子跃迁遵循选律。在二维和三维体系中,$\boldsymbol{k}$ 为一个矢量,式(4.60)应该被写为 $\Delta \boldsymbol{k} = 0$。其次,对于自由电子,$\boldsymbol{k}$ 正比于动量。在光电子实验中,电子从晶体中被电离之后在真空中变得完全自由。通过测量电子的动能和运动方向,可以方便地获得其动量。由于测量结果与电子出射角度有关,也被称为**角分辨光电子能谱**。

分析三维固体的难点在于晶格周期性在晶体表面被打破,体相电子在到达表面时动量可能会发生变化。然而,在大多数情况下,表面仍保持与体相相同的二维周期性,平行于表面方向的波矢也应保持不变。在具有层状结构的固体中,最容易形成表面的是那些平行于原子层的平面(因为只需要打破弱的层间键),从原理上来说,可以简单测量层内的 $E(\boldsymbol{k})$ 曲线。

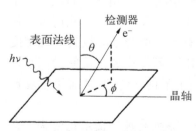

图 4.28　角分辨光电子能谱实验的几何关系,定义了正文中的 θ 和 φ

测量时的几何关系如图 4.28 所示。通过测量,可以获得与固体表面法线方向成特定角度(θ)的电子的光电子能谱。电子的动能(T)给出了它的总动量 p:

$$p = (2mT)^{1/2} \tag{4.77}$$

于是,平行于表面的动量分量为

$$
\begin{aligned}
p_{\parallel} &= p\sin\theta \\
&= (2mT)^{1/2}\sin\theta
\end{aligned} \tag{4.78}
$$

则平行于表面的电子波矢 k 为

$$
\begin{aligned}
k_{\parallel} &= p_{\parallel}/\hbar \\
&= (2mT/\hbar^2)^{1/2}\sin\theta
\end{aligned} \tag{4.79}
$$

如果电子在从固体逃逸的过程中没有受到散射,该值对应于被光子激发到高能量态上的电子的 k 值。根据 k 的选律,电子开始所处的填充轨道也必须具有相同的 k 值。因此,当 θ 改变时,光电子能谱的变化能够反映出该固体填充能带的 $E(k)$ 关系。同样,通过改变图 4.28 中的角度 ϕ,有可能画出晶格中不同方向的 k 所对应的 $E(k)$ 曲线。

图 4.29 以石墨为例介绍了光电子能谱的应用。对于垂直于表面的光电子,$k = 0$,光电子能谱峰表示位于布里渊区中心轨道的能量,由 4.2.4 节中的 Γ 表示。图中也给出了在与法线成 30°夹角方向采集的能谱,对应于方向为 ΓP 和 ΓQ 的 k。图 4.29(b)中的点给出了这两个方向上实验数据作为由式(4.79)推导的 k 值的函数,虚线表示由能带理论预测的 σ 带和 π 带。其中 π 带一分为二是石墨层间相互作用的结果。然而,这种能带分裂非常小,π 带的大致形状和由单层石墨预测的结果非常相似。实验结果还表明,π 带底部和 σ 带顶部在能量上有重叠,这与 2.3.2 节中讨论的 X 射线发射谱结论一致(见图 2.8)。

然而,角分辨光电子能谱的分析并不总是这样简单。在电子到达固体表面之前可能先被激发到高能量的导带,该导带的形成有时会在光谱中产生额外的峰。这可能是存在能量不同于体相能带的表面态的特征。同时,电子跃迁可能打破 k 的选律(由于晶格振动),或者电子在从固体逃逸之前就被散射,表现为光谱出现背底。尽管存在这些困难,但人们已经对大量的固体进行了能带结构测量。正如我们在石墨中所看到的,与其他技术相比,角分辨光电子能谱使我们可以对理论和实验结果进行更为直接的比较。

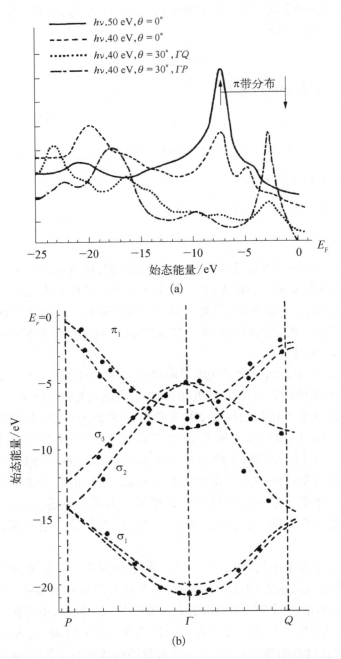

图 4.29 实验测得的石墨能带结构。（a）在不同角度测量的光
电子能谱，（b）从能谱推导出的 $E(k)$ 曲线（来源于 I.
T. McGovern, et al. *Physica B*, 1980, 99: 415)

4.3　三维能带结构

三维固体的基本概念与二维情形大体相同。每个晶体轨道都是一个与三维波矢量 *k* 有关的布洛赫函数,其中 *k* 给出了晶格中电子波的方向和波长。主要的区别在于在三维固体中对晶体轨道的描述更加困难,而第一布里渊区(在能带中生成所有不同轨道所需的最小 *k* 值范围)现在是一个以平面为边界的三维区域。布里渊区理论在附录 B 中进行了讨论,这对能带理论的具体应用并不是必要的。

4.3.1　一些简单固体的能带结构

图 4.30~图 4.33 给出了一些我们已经从化学角度讨论过的固体的能带结构。同二维情形中一样,图中显示了不同能带的能量同波矢 *k* 的函数关系。水平轴上的标记表示 *k* 的不同方向。例如,Γ 是 $k = (0, 0, 0)$ 的点,该点处所有原子轨道均为同相,而 X 点则是沿着[100]晶向的 *k*。

图 4.30 比较了氯化钾(KCl)和氯化银(AgCl)的能带结构。KCl 中较低的能带是由氯的 3s 和 3p 轨道组成的。这些填充的价带非常窄,能量几乎不随 *k* 发生变化,这反映了原子轨道之间的重叠较小。利用一维情形中的思想,我们可以看到该能带中的电子具有较高的有效质量。事实上,第 7 章提到碱金属卤化物价带中的空穴会被完全束缚在晶格中。相较而言,导带则显得很宽,因为构成导带的未填充的钾轨道更加分散,轨道间重叠更强。导带的底部在 Γ 点,主要由 K 的 4s 轨道构成,但 K 的 3d 轨道能量与之相差不大,导致该能带的细节更加复杂。由于价带的顶部也位于 Γ 点,KCl 具有一个直接带隙(见 4.1.7 节)。因此,*k* 的选律允许能量最低的跃迁。

氯化银(AgCl)的带隙较小。氯和银的价轨道间的能量分离度较低,导致阴离子和阳离子轨道间的共价杂化程度增加,这可能是与 KCl 相比能带较宽的原因之一。然而,这两种化合物之间还有一个非常重要的区别。在 AgCl 中,4d 轨道是填满的,并和价带出现在相同的能量区域。Ag 4d 和 Cl 3p 轨道之间有着很强的杂化,这也使得价带更宽。如图 4.31 所示,p 轨道和 d 轨道不同的对称性意味着在 $k = 0$ 点,它们之间没有相互作用,因为成键和反键的轨道重叠相互抵消。然而,对于非零波矢之间的杂化是可能的,而成键态和反键态组合的形成迫使价带顶部能量上升。从能带结构上可以看出,在 KCl 中,导带最低点出现在 Γ 点,但在 AgCl 中,最高价带能量出现在不同的 *k* 值。因此 AgCl 具有一个间接带隙,根据 *k* 选律,最低能量的跃迁是被禁止的。卤化银的间接带隙抑制了电子和空穴的快速复合,这对它们在摄影胶片中的应用非常重要,该部分将在第 7 章中进行简要讨论。

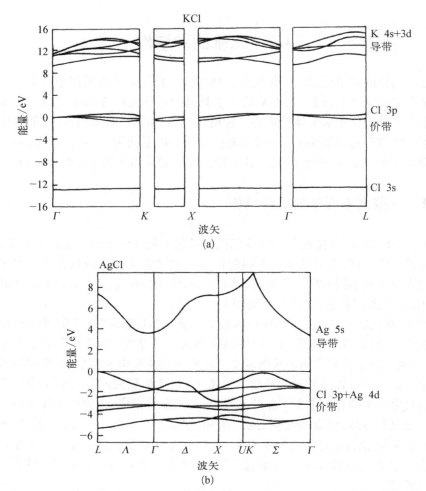

图 4.30　计算得到的 KCl 和 AgCl 的能带结构。*k* 轴上的标记表示波矢的不同方向。KCl 中 K 3d 能级为空,且与导带杂化。AgCl 中填充的 4d 能级与 Cl 3p 价带轨道杂化。可以看到 AgCl 属于间接带隙(来源于 M. L. Cohen, V. Heine. *Solid State Phys.*, 1970, 24: 169; J. Shy-Yih Wang, M. Schluster, M. L. Cohen. *Phys. Stat. Solidi*(*B*), 1976, 77: 295)

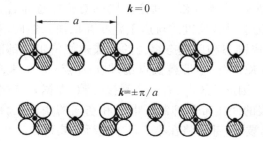

图 4.31　在 *k* = 0 处,不同原子的 p 轨道和 d 轨道间没有净相互作用;最大的相互作用出现在 *k* = ±π/*a*

　　另一种具有 p - d 轨道共价杂化的固体是过渡金属化合物三氧化铼（ReO_3），如图 4.32 所示。导带由部分占据的 Re 5d 轨道构成，使 ReO_3 具有金属性。价带主要来自 O 2p 轨道：图中这些能带看上去相当复杂，主要是因为在一个晶胞中存在三个氧原子，总共包含 9 个原子轨道。实际上，导带是 O 2p 轨道和金属 5d 轨道的反键组合。与 AgCl 一样，在 $k = 0$ 的 Γ 点，不可能出现轨道杂化。所以此时，导带轨道实际上全部来自 Re 5d 的轨道组合，而价带则是纯的 O 2p 轨道组合。这就是为什么 Γ 点处的能带能量最为接近：在非零 k 值处，轨道形成成键和反键组合，并产生能量上的差别。

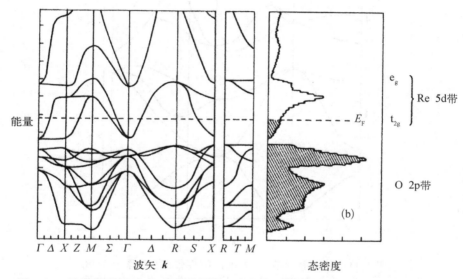

图 4.32　计算得到的 ReO_3 的能带结构和态密度，其中费米能级位于 Re 5d 能带内
（来源于 L. F. Matthies. *Phys. Rev.*, 1969, 181: 987）

　　$E(k)$ 曲线中导带的曲率决定了电子的有效质量，这对固体的电导率很重要。但实际上，传导电子有效质量可以更直接地从等离子体频率中得到。正如我们在 2.4.3 节中看到的，这是金属对光开始变得透明的频率，因此对其光学特性也十分重要。等离子体频率也对应于电子能量损失谱中的峰。在固体化合物中，必须对式（2.7）稍作修改：

$$\omega_p = (Ne^2 / \varepsilon_0 \varepsilon_{opt} m^*)^{1/2}$$

其中，N 为金属电子浓度；ε_{opt} 为高频介电常数，由价带中电子极化率决定。如果这些量已知，就可以推导出有效质量 m^*。这可以与计算得到的能带结构进行比较，并提供了一个比较简单的定性测量导带宽度的方法。在一些金属氧化物如 ReO_3 中，共价键足够强，可以形成相当宽的 d 带，其有效质量与自由电子质量类似。

图 4.33 为硅的能带结构。在第 3 章 3.2.1 节中,该正四面体固体的电子结构是由 3s 和 3p 价轨道的重叠来描述的。现在我们对能带结构图做进一步分析。在零波矢下,由于对称性的不同,s 和 p 轨道不发生杂化(这与上面讨论的 p 和 d 轨道的情况类似)。因此,图 4.33 中 Γ 点的价带是纯的 s 轨道(其能量最低)和 p 轨道的组合。远离 Γ 点时,杂化是被允许的,于是轨道组合是 s 和 p 轨道的成键杂化。可以看到,硅也有一个间接带隙。与卤化银一样,这在某些应用中相当重要。

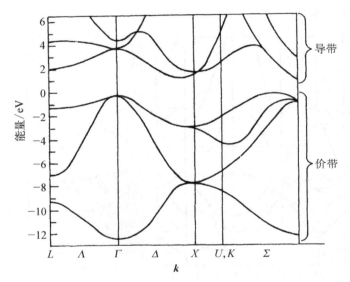

图 4.33　硅的能带结构,表现出间接带隙(来源于 J. R. Chelikovsky, M. L. Cohen. *Phys. Rev. B*, 1976, 14：100)

4.3.2　金属和合金

对于金属固体,局域电子成键图像不再适用,因此能带结构在描述电子结构时变得更加重要。本节将介绍一些能带理论在金属和合金中的应用。

图 4.34 显示了一些具有面心立方(f.c.c.)结构的铜的电子结构特征。能带结构图证实了第 3 章讨论的基本特征。这是一组非常窄的 3d 能带,在能量上与一个宽的能带重叠,该宽带来自更弥散的 4s 和 4p 轨道的重叠。图 4.34(a)中的虚线显示了缺失 3d 轨道时 s-p 带的预期行为,其 $E(\mathbf{k})$ 曲线与弱周期势下近自由电子的 $E(\mathbf{k})$ 曲线相似。完整的曲线包括当 s-p 带和 d 能级能量相似时,它们之间发生的杂化效应。

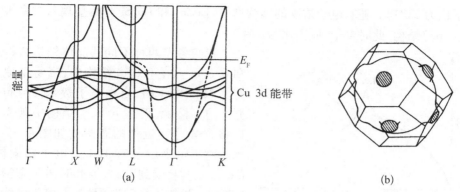

图 4.34　铜的能带结构(a)和费米面(b)。(a)中标注了 Cu 的 3d 能带,虚线表示
4s 能带不与 d 带杂化情况下的预期行为(来源于 D. A. Burdick. *Phys.
Rev.*, 1963, 129: 138)

在本章前半部分讨论的二维模型中展示了 (k_x, k_y) 平面上的一些等能线。等
能线在三维空间中对应的是一个作为 $\boldsymbol{k}$ 的函数的等能面。但是很难将几个等能面
显示在同一个图中,所以在三维空间中这种表示 $E(\boldsymbol{k})$ 关系的方法并不常用。然
而,有一个等能面非常重要,这就是金属的**费米面**,它显示了能量处于费米能级的
电子的波矢。对于自由电子,能量由方程(4.70)的简单推广给出:

$$E(\boldsymbol{k}) = V_0 + (\hbar^2/2m)(k_x^2 + k_y^2 + k_z^2)$$

由于自由电子的能量只取决于 $\boldsymbol{k}$ 的大小,所以任何等能面包括费米面,都是一个球
面。然而在二维体系中,在对应于电子波刚好匹配晶格周期的 $\boldsymbol{k}$ 值附近,周期性晶
格势使 $E(\boldsymbol{k})$ 曲线发生了扭曲。这发生在位于布里渊区边界的 $\boldsymbol{k}$ 值附近。图
4.34(b)为铜的费米面。其中所示的截角八面体是 f.c.c. 晶格的布里渊区。从图
中可以看出,周期势是如何让 $E(\boldsymbol{k})$ 函数从纯自由电子的形式发生扭曲,从而使费
米面被拉向该区域的六边形表面的。通过测量外加磁场下的电导率,我们可以验
证铜能带结构的这一特性。

二维和三维模型的弱周期势不会产生带隙,但正如我们在 4.2.2 节中看到的,
它会对态密度产生影响[图 4.23(b)]。当费米面接触布里渊区表面时,$E(\boldsymbol{k})$ 曲
线变平,这在态密度图上给出一个峰值,并伴随一个陡降。不同的晶体结构会给出
不同形状的布里渊区,要接触布里渊区表面所需的电子数量也会有所不同。因此,
在近自由电子金属中,态密度峰和陡降出现的位置只是简单地取决于晶体结构。
这为简单解释**休姆-罗瑟里(Hume-Rothery)定则**提供了基础,该定则表示合金的
晶体结构通常可以从每个原子的平均价电子数来预测。例如,对于 CuZn 和
Cu_3Al,电子/原子比都是 3/2,且都具有体心立方(b.c.c.)结构。随着电子浓度的
增加,体系更倾向于形成复杂的 γ-黄铜结构。例如,Cu_5Zn_8 和 Cu_9Al_4 中的电子/

原子比为 21/13。随着电子浓度的继续增加，$CuZn_3$ 和 Cu_3Si 开始呈现六方密堆积（h.c.p.）结构，此时电子/原子比为 7/4。

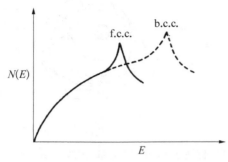

图 4.35　近自由电子近似下，f.c.c. 和 b.c.c. 晶格的态密度曲线示意图。当自由电子波矢触及布里渊区边界时，态密度图会先出现一个尖峰，随后出现陡降

我们考虑两种不同的晶体结构 f.c.c. 和 b.c.c.。在 f.c.c. 结构中，当每个原子有 1.36 个电子时，自由电子费米面与布里渊区边界接触，而在 b.c.c. 结构中则需要 1.48 个电子。近似的态密度如图 4.35 所示。对于每个原子有 1.4 个电子的固体，f.c.c. 结构将受到青睐，但此时由于态密度的减小，更多电子都必须填充在能带内能量迅速增加的能级中。因此，f.c.c. 结构的平均电子能量将大于 b.c.c. 结构。当电子/原子比达到 1.5 左右时，倾向于形成 b.c.c. 结构，但随着电子/原子比继续增加，这种结构也会变得不那么稳定。γ-黄铜结构中，触及布里渊区边界所需的电子数预计是 1.54，这就解释了为什么该结构会出现在合金的电子/原子比为 21/13 = 1.6 左右时出现，而不是出现在更高浓度。

用自由电子理论来解释休姆-罗瑟里定则虽然是个很有吸引力的想法，但它并不是完全正确的。例如，铜具有 f.c.c. 结构，每个原子有一个价电子，在自由电子理论中，费米面位于布里渊区边界内。然而，从图 4.34 可以看出，费米面实际上是扭曲的，以至于使它接触到布里渊区边界。因此，实际周期势的影响会比理论假设严重得多，而实际态密度曲线也比图 4.35 复杂得多。另外，这种解释还忽略了具有不同核电荷的原子对能带结构的影响。但关于不同晶体结构的布里渊区形状的基本观点是正确的。若要对休姆-罗瑟里定则做出完全令人满意的解释，则需要进行更为复杂的讨论。

类似地，计算得到的态密度曲线（包括 d 电子能级）可被用于解释过渡金属中观察到的结构变化。前过渡金属——Sc、Ti 及元素周期表中位于它们下方的元素，均具有 h.c.p. 结构，紧接着是具有 b.c.c. 结构的固体（钒族和铬族），然后是 h.c.p. 和 f.c.c. 结构（锰的结构比较复杂，而铁是个例外，常温下 b.c.c. 结构最为稳定。这似乎与它的铁磁性有关，因为当高于居里温度时，又会回到 f.c.c. 结构）。图 4.36 为过渡金属模型的态密度计算结果，并对 b.c.c.、f.c.c. 和 h.c.p. 三种结构进行了比较。这些曲线的形状反映了不同晶体结构中 d 轨道之间重叠可能也不相同。当每个原子的价电子数目达到 6 时，b.c.c. 结构对应的态密度上会出现宽峰，这意味着在这个电子数下，b.c.c. 结构具有较低的平均电子能量。然而，峰值之后是一个很深的极小值，在该点处，其中一个密堆积结构变得更稳定。图 4.36

（d）给出了根据不同结构的电子态密度预测的总电子能量差与价电子数目的关系。b.c.c.结构和密堆积结构之间存在最大的能量差。当电子数为 5 和 6 时，b.c.c.结构给出的电子能量最低，这与在钒族和铬族中观察到的 b.c.c.结构的结果相符。对于 7 个或 7 个以上的电子，f.c.c.结构和 h.c.p.结构的电子能量非常接近，并在二者之间寻求平衡。尽管如此，对于 7 个和 8 个价电子的金属，预测 h.c.p.结构更加稳定，而对于后面的过渡金属，f.c.c.结构更加稳定。这些计算结果同时表明，金属元素的结构是如何由态密度中相当细微的差异决定的，而态密度又是如何由不同类型的成键相互作用控制的。人们已经试图对其中一些因素作出更形象的说明。例如，用 s-d 杂化成键模型讨论了钒族和铬族元素形成 b.c.c.结构的过程。然而，刚刚讨论的计算结果并不支持这一理论，因为能量差几乎完全依赖于 d 电子的成键情况，而 d 带与 s 带的相互作用对预测结构只有很小的影响。

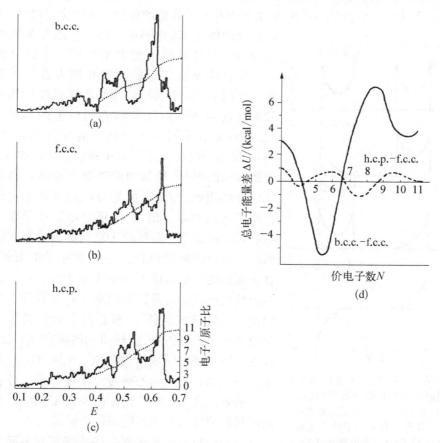

图 4.36　计算得到的具有 b.c.c.（a）、f.c.c.（b）和 h.c.p.（c）结构的代表性过渡金属单质的态密度曲线。（d）预测的不同结构的相对能量差随着（s+d）价电子数量的变化（来源于 D. G. Pettifor. *Calphad*, 1977, 1: 305）

4.3.3　轨道和重叠的化学解释

虽然在前面几节中,我们尝试用化学术语解释能带结构图,但像图 4.32 那样的曲线对化学家来说还是有些晦涩难懂。即使是由能带结构计算出的态密度曲线也不能立即给出化学键信息。因此,以一种更能提供化学信息的方式呈现能带结构计算结果是很有必要的。

让我们暂时回到一维双原子模型,即 4.1.3 节中给出的双原子链:我们介绍了两种原子的原子轨道是如何通过线性组合构造出晶体轨道的[见方程(4.30)]。

$$\psi_k = \sum_n \exp(ikna)\left[a_k\chi(\mathrm{A})_n + b_k\chi(\mathrm{B})_n\right]$$

系数 a_k 和 b_k 分别对应于 ψ_k 中 A 原子和 B 原子轨道的振幅。实际上,在忽略了重叠积分的休克尔(Hückel)理论中,这些系数的平方等于该晶体轨道上的电子在原子上的分布密度。所有填充轨道系数的加和即为总原子布居数。而用 $(a_k)^2$ 和 $(b_k)^2$ 值作为态密度曲线的加权更能揭示原子对能带内不同轨道的贡献。图 4.37(a)显示了图 4.8 中两个能带的总态密度。图 4.37(b)和(c)显示了原子布居数。正如 4.1.3 节所讨论的那样,较低的能带更多地来自电负性原子 B 的贡献,而较高的能带则更多地来自电正性原子 A 的贡献。图 4.37 还显示了原子布居数在能带中的变化。两种原子之间的共价相互作用表现为上面的能带包含了一些 B 原子的贡献,而在下面的能带也出现了一些 A 原子的贡献。这种共价性也可以通过系数乘积 $a_k \cdot b_k$ 来说明。对于成键态的波函数重叠,一般是具有相同符号的相邻原子轨道进行组合,这样得到的乘积就是正的。反键态轨道则相应地给出负值。图 4.37(d)显示了该乘积加权之后的态密度。图中显示了较低能量的能带是由 A-B 原子的成键态轨道组成,而较高能量的能带则是由反键态轨道组成。

上面的思想已被用于一些成键相对复杂的化合物的能带结构计算。其中,绝大部分计算采用

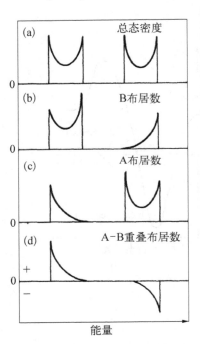

图 4.37　一维双原子链能带中的轨道布居数和重叠布居数(见图 4.8)。(a) 总态密度;(b,c) B 原子和 A 原子的轨道布居数;(d) 为 A-B 重叠布居数,给出了成键(−)和反键(+)区域

了**扩展的 Hückel 方法**，它类似于本章前面所使用的
简单模型，即让原子轨道之间的哈密顿量矩阵元素
取参数化的值[见方程(4.20)]。这些参数通常是
由原子电离势估计的。扩展的 Hückel 方法与该模
型的重要区别在于，原子轨道间的重叠积分可以由
显式公式计算，并包含在晶体轨道能量的计算内。
轨道系数$(a_k)(b_k)$再乘以 A 和 B 轨道之间重叠积
分的结果即为晶体轨道重叠布居数（crystal orbital
overlap population，COOP）。图 4.38 给出了一个计
算的例子。化合物 NbO 的结构以 NaCl 为基础，但
四分之一的晶格位置为空位，因而形成了有序的缺
陷结构。从离子的角度来看，由于库仑结合能的损
失，这种空位结构非常不稳定。但一般认为，Nb 原
子间存在明显的金属-金属键合，有助于稳定这种不
寻常的结构。图 4.38 的前三个图显示了计算得到
的价电子总态密度，并将其分解为 O 2p 和 Nb 4d 的
贡献。可以清楚地看到，在 16 eV 结合能左右的以 O
2p 为主的能带是如何在更高结合能下被以 Nb 4d 为
主的能带取代的。费米能级显示了 d^3 化合物中轨
道的占据情况。图 4.38 底部的 COOP 图更清晰地
显示了不同能级的成键特性。和预料的一样，"O 2p
带"具有明显的铌-氧键合特征，而 Nb 4d 带是反键
的。然而，如图所示，最有意思的是 Nb - Nb 间的成

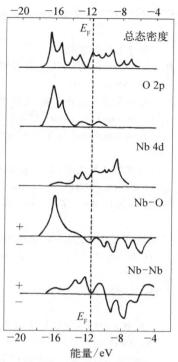

图 4.38　由能带结构计算得
到的 NbO 轨道布居数和重叠
布居数。虚线表示费米能级
（来源于 J. K. Burdett, T.
Hughbanks. *J. Am. Chem.
Soc.*, 1984, 106: 3101）

键相互作用。可以看到，4d 能带的下半部分确实具有金属-金属键合特征，费米能
级所示的 d^3 构型恰好代表了获得最大效果对应的电子数量，因为更高的能级为
Nb - Nb 反键轨道。由此可以证明金属-金属键合的存在。同时通过与 NaCl 结构
相比较，可以看出 NbO 中的空位是怎样增强成键的，其中一个重要因素是使 Nb 4d
原子轨道变得稳定。

拓展阅读

大部分能带理论均基于自由电子近似。以下是一本基础讲义：

S. L. Altmann (1970). *Band theory of metals*. Pergamon Press.

布里渊区相关理论（Kittel 的书中也讨论了电导率和霍尔效应）：

H. Jones (1975). *The theory of Brillouin zones and electronic states in crystals* (2nd edn). North-Holland.

C. Kittel（1976）：*Introduction to solid state physics*（5th edn），Chapter 2. John Wiley and Sons.

电学和磁学性能：

B. I. Bleaney and B. Bleaney（1976）. *Electricity and magnetism*（3rd edn）Chapters 11，12. Oxford University Press.

金属理论的经典书籍［含休姆·罗瑟里（Hume‐Rothery）规则］：

N. F. Mott and H. Jones（1936）. *The theory of the properties of metals and alloys.*［Oxford University Press；reprinted by Dover Publications.］

与本章节类似的 LCAO 近似相关应用的论文：

J. K. Burdett（1984）. *Prog. Solid State Chem.* **15** 173.

M. Kertesz（1985）. *Int. Rev. Phys. Chem.* **4** 125.

以下文献中展示了扩展的 Hückel 方法的应用及 COOP 图对能带结构的计算：

R. Hoffmann *et al.*（1978）. *J. Am. Chem. Soc.* **100**（1983）. *J. Am. Chem. Soc.* **105** 1150‐62，3528‐37.

J. K. Burdett and T. Hughbanks（1984）. *J. Am. Chem. Soc.* **106** 3101.

光电子能谱测量能带结构及具体实例：

N. V. Smith（1978）. In *Photoemission in solids*：*I*（ed. M. Cardona and L. Ley）. *Topics in applied physics*，Vol. 26. Springer Verlag.

L. Ley，M. Cardona，and R. A. Poliak（1979）. In *Photoemission in Solids*：II（ed. L. Ley and M. Cardona），*Topics in applied physics*，Vol. 27. Springer Verlag.

第5章　电子的排斥效应

在原子和分子的轨道图像中,一般采用以下的近似方式处理电子之间的静电排斥:假设电子在一个势场中独立运动,而该势场中包含来自其他电子的平均斥力。在能带理论中也做了同样的近似。虽然电子排斥在第4章中没有明确提到,但它要么包含在 LCAO 的原子轨道能量中,要么包含在近自由电子模型的周期势场中。尽管轨道近似适用于很多情况,但在一些场合下并不适用。例如,在分子的分解过程中,原子轨道间的相互作用很弱,分子轨道理论就会失效。固体中也有同样的问题:只要原子间的轨道重叠很小,就会形成非常窄的能带。此时,电子间的排斥力就变得非常重要,而不能再简单地当作平均势场来处理。尽管许多过渡金属和镧系化合物都有部分填充的 d 或 f 带,但它们往往都不是金属性的。这是因为:在这些化合物中,能带理论不再适用,同时电子由于相互之间的排斥而变得局域化。由于类似的化合物很重要,且数量庞大,我们将在本章详细讨论其电子是如何变得局域化的,以及这将如何影响它们的电子性质。

5.1　哈伯德模型

要对分子和固体中电子的排斥效应进行精确计算是极其困难的。除非情况极简单,其余的任何情况都必须作出粗略的近似。研究固体中电子排斥的最有效方法是哈伯德(Hubbard)模型,即假定唯一重要的排斥效应仅存在于位于同一原子的两个电子之间。虽然不同原子上电子间的斥力不可忽略,但同一原子内的电子排斥是导致能带理论在这类体系中失效的主要原因。因此哈伯德模型为讨论电子局域化提供了一个非常有用的图像。

我们可以想象一列原子,其中每个原子都有一个价电子 s 轨道。在第4章中展示了成键相互作用是如何在整个固体中产生离域的晶体轨道能带的。如果每个原子只有一个电子,那么能带就是半满的。根据能带理论,该固体应该是金属性的。但在轨道间重叠很小的情况下,额外的电子排斥将阻碍一个电子从一个原子移动到另一个原子,这将导致处于基态的每个原子上都有且只有一个局域电子。正如图 5.1 中的一维原子链所示。假设将电子从一个原子轨道移开所需要提供的能量是 I,即电离能。而把电子放在另一个已经占据的位置上释放的能量为 A,即中性原子的电子亲和能。因此,移动一个电子所需的能量为

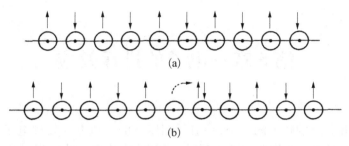

　　　图 5.1　弱相互作用原子链中电子排斥的作用。(a) 基态中的每
　　　　　　个原子轨道上都有一个局域化的电子;(b) 移动一个电
　　　　　　子产生额外的电子排斥

$$U = I - A \qquad\qquad (5.1)$$

该能量可以被理解为同一个原子上的两个电子之间的排斥能。对于氢原子,$I =$
13.6 eV,$A = 0.8$ eV,因而 $U = 12.8$ eV。

　　当原子间的相互作用很小时,电子排斥效应将使半满带变得绝缘。图 5.2(a)
为带宽增加时的情况。最左边带宽 W 为零的地方,即为原子能级。具有较低能量
$(-I)$ 的轨道是唯一占据轨道。具有较高能量 $(-A)$ 的轨道是将一个额外电子引入
固体中形成双占据轨道所需的能量。二者间的能隙等于式(5.1)中的 U,表示将一
个电子从一个轨道激发到另一个轨道所需要的能量。该能隙与能带理论中带隙的
起因不同,为电子排斥的结果。每个原子较低和较高的能级上都可以容纳一个电
子,可以称为子带。能隙 U 以两位对固体中电子局域理论有较大贡献的物理学家
的名字命名,通常被称为莫特-哈伯德(Mott - Hubbard)劈裂。由图 5.2(a)可以看
出,由于原子轨道重叠,每个子带都变宽;且当带宽 W 与斥力参数 U 近似相等时,

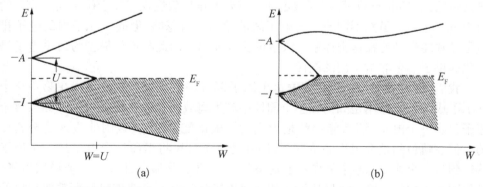

　　　图 5.2　哈伯德子带随带宽 W 的变化函数。在 $W=0$ 时,能量为增加一个电子(电子亲和能
　　　　　　A)和移走一个电子(电离能 I)所需的能量。(a) 当 $W>U$ 时,子带发生重叠;
　　　　　　(b) 更真实的情况,考虑了由随 W 增加而增加的固体极化率造成的 U 减小的情形

两个能带交汇。如果超过了这一点,带隙将消失,此时的固体表现为金属性。因此要使能带理论继续有效,则要求:

$$W > U \tag{5.2}$$

因此,参数 U 在哈伯德模型中起着至关重要的作用。对于孤立原子,U 由式(5.1)给出。然而正如前面所讨论的,当电子从固体中一个位置移动到另一个位置时,会出现重要的极化效应——其他电子的极化(指向电子移走后的空位而背离额外电子)大大降低激发电子所需的能量。"哈伯德 U"在固体中测量的值要比原子中的值小得多。随着轨道重叠增加,不仅在一个晶位上的电子云会发生扭曲,而且在不同原子间还会发生电子的部分移动,于是固体的极化率也会增加。所以,随着带宽的增加,U 值趋于减小。图 5.2(b)显示了哈伯德子带更真实的图像,其中包含 U 的变化。

哈伯德模型和处理双原子分子中电子斥力方法有着有趣的关联。对于 H_2 分子,成键态分子轨道通常被认为是原子 A 和 B 上的 1s 原子轨道的对称组合:

$$\psi = \chi_A + \chi_B \tag{5.3}$$

分子轨道波函数为

$$\psi(1, 2) = \psi(1)\psi(2) \tag{5.4}$$

其描述了原子间具有相同程度离域化的两个电子。然而,当分子离解时,这个波函数变成了一个非常糟糕的近似,且电子之间的排斥使它们就像在固体中一样局域在各自的原子上。于是,库森(Coulson)和费歇尔(Fischer)对 MO 理论做了一个简单的修正,即用原子轨道的不对称组合来表示波函数:

$$\psi(1) = \chi_A + \mu\chi_B$$
$$\psi(2) = \chi_B + \mu\chi_A \tag{5.5}$$

库森-费歇尔波函数中的参数 μ 是变量,描述了每个电子的局域化程度。当 $\mu = 1$ 时,得到的是一般的 MO 波函数,这适用于具有强轨道重叠的情况。随着重叠相互作用的减弱,电子排斥的作用变得更加重要,μ 也会随之减小。在完全离解的分子中,μ 为零,对应于完全的局域化。这与哈伯德模型的预测非常接近。双原子的MO 波函数与能带理论的布洛赫函数相对应。随着轨道重叠的减少,斥力效应逐渐将电子局域在单个原子上。

5.2 镧 系 元 素

迄今为止,能最清晰阐述哈伯德模型的体系是含有镧系、铈、镏等元素的固体。而过渡金属化合物的带宽和电子的排斥效应经常处于一种竞争状态,导致其行为可能变得相当复杂。因此,在讨论过渡金属化合物之前,我们首先研究含有镧系、钸、镄等元素的固体。在整个镧系中,4f 壳层是逐渐被填满的。虽然在镧系大多数元素中,4f 轨道均呈高度收缩状态,与其他价电子轨道只有很小部分的重叠。但这对于最开始的镧系元素来说并不完全正确。例如,最近对铈及其化合物的电子结构的测量表明,Ce 4f 轨道与其周围轨道之间存在一定程度的相互作用。然而,对于后面的镧系元素,毫无疑问 4f 能级是高度局域化的。由于部分填充的 4f 壳层对化学键的贡献很小,这就导致了不同镧系元素之间显著的化学相似性。然而,4f 轨道的填充确实对元素的氧化态有影响。例如,水溶液中最稳定的离子是 Ln^{3+},但也有一些其他元素呈 2+ 或 4+ 的状态。与此相关的 4f 轨道能量的变化趋势也会影响该元素的单质及其化合物的电子结构。

　　镧系化合物的许多物理性质均显示 4f 电子的完全局域化特征。例如,化合物磁化率与自由离子的预测值非常接近。通过光谱测量可以得到理论预测的 4f 电子构型,其受周围原子的影响也是很小的。虽然从光谱上可发现小的配体场效应,但其造成的光谱分裂(约 100 cm^{-1} 或 0.01 eV)比过渡元素要小两个数量级。在大多数固体化合物中的这些结果与在稀释的络合物溶液中得到的结果是相同的。所有的证据都表明,可能除了铈之外,其他元素的 4f 带宽都是可以忽略的。正因为如此,镧系元素才对哈伯德模型的应用给出了如此清晰的展示和证明。

5.2.1　4f 能量与哈伯德 U 值之间的关系

　　f 壳层最多可以容纳 14 个电子,而且在大多数镧系元素中都被部分占据。因此,定义参数 U 的电子传递过程比上一节讨论的 s 轨道要复杂一些。在大多数固体中,镧的构型为 $4f^n$。以三价 Ln^{3+} 电子构型为例,移动一个电子所需的能量与下面的过程相对应:

$$2Ln^{3+} \longrightarrow Ln^{2+} + Ln^{4+} \tag{5.6}$$

或者

$$2(4f)^n \longrightarrow (4f)^{n-1} + (4f)^{n+1} \tag{5.7}$$

对于自由离子,这个过程的能量由第四和第三电离势之差提供:

$$U = I_4 - I_3 \tag{5.8}$$

实际上,对于镧和钆这两种情况,Ln^{2+} 的基态构型是 $(4f)^n(5d)^1$。这与 $(4f)^{n+1}$ 的构型非常接近,但需要对式(5.8)做一个小的修正。对于气相离子,U 的预测值在 25 eV 左右。然而在固体中,我们预测极化效应会使该数值减小。

在 X 射线范围内,通过光电子能谱和反光电子能谱可以非常清晰地看到 4f 轨道。由于同一原子中不同的 4f 电子之间的自旋和轨道耦合,某些光谱会非常复杂。然而,这些技术可以直接测量整个系列中不同元素的 4f 轨道能量的变化。虽然一些化合物的光谱结果已经被测得,但最清晰的光谱来自金属元素本身。即使在金属中,4f 轨道也是局域的,对成键没有贡献。其金属性来自更弥散的 5d 和 6s 轨道的重叠,它们在能量上均接近于 4f 轨道。因此,4f 能级的光电子能谱可以通过高度局域的、类原子的能级来解释。

图 5.3 为钆的光电子能谱与反光电子能谱的合成图。在两个光谱中 4f 带均清晰可见。在光电子能谱中,当一个电子被电离时,所测得的结合能与以下过程相对应:

$$(4f)^n \longrightarrow (4f)^{n-1} \tag{5.9}$$

在反光电子能谱中,如 2.2.3 节所述,当向固体中加入一个电子时,得到的峰对应于以下过程:

$$(4f)^n \longrightarrow (4f)^{n+1} \tag{5.10}$$

这两个光谱在费米能级处连接在一起。其中,光电子能谱在费米能级处结束,而显示空能级的反光电子能谱则从费米能级开始。因此,光谱中 4f 峰之间的距离正是将一个电子从一个 4f 轨道移到另一个 4f 轨道所需的能量,即式(5.8)中定义的能量 U。对于钆,U 值为 12 eV,比气相值小 12 eV。这清楚地说明了固体中极化效应的重要性。

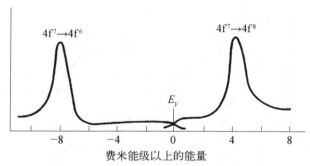

图 5.3　金属 Gd 光电子能谱($E<E_F$)和反光电子能谱($E>E_F$)图。谱中给出了两种方法测得的 4f 电子构型

图 5.4 完整地显示了镧系金属(除了没有稳定同位素的钷)中 4f 轨道的哈伯德 U 值。可以看出所有的值均大于 4 eV。虽然 4f 带宽很难测量,但它们几乎小于 0.1 eV,于是很容易理解 4f 电子为什么如此局域化了。一些固体化合物的 U 值也已经被测得,它们与单质中的值非常相似。

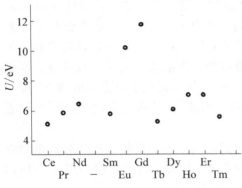

图 5.4　镧系金属中测得的哈伯德 U 值

图 5.4 中所画的 U 值曲线呈现出有意思的形状,这可以通过图 5.5 中绘制的从单个 $(4f)$ 到 $(4f)^{n-1}$ 和 $(4f)^{n+1}$ 过程中测得的能量来解释。这种不规则的趋势与在气相中测得的电离能的变化非常一致,这是由 4f 电子之间的斥力随着壳层的不断填充而发生变化的结果。对此,有三个方面的贡献:

(1) 该族元素中不断增加的核电荷增加了稳定性(对应于不断增加的结合能和电子亲和力)。

(2) 当壳层达到半满时,该趋势中断。这是由于对 4f 轨道来说,最多可以有 7 个电子以自旋平行的方式排列在不同的轨道上,此时体系交换能较小。而当第 8 个及之后的电子加入时,它们必须与已占据轨道的电子配对,因而这种稳定性被打破。

(3) 不同 4f 电子之间角动量耦合使曲线具有明显的弯曲。这也属于电子的排斥效应。由于这个系列的后半部分元素 4f 轨道更窄,因而该效应更为明显。

图 5.5 中所示的 $(4f)^{n}$ 构型是 Ln^{3+} 离子的构型。该族大多数金属都具有这种

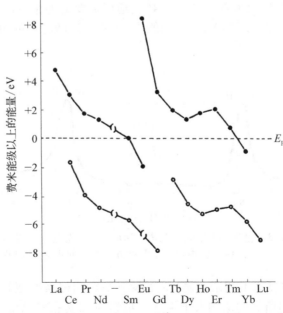

图 5.5　镧系金属中 $(4f)^{n} \to (4f)^{n+1}$ 过程和 $(4f)^{n} \to (4f)^{n-1}$ 过程的能量与费米能级的相对关系。每种情况中 $(4f)^{n}$ 均为三价离子 Ln^{3+}。●表示 $(4f)^{n} \to (4f)^{n+1}$,○表示 $(4f)^{n} \to (4f)^{n-1}$

构型,外加三个位于较宽的(s−d)带的金属电子。然而,在 Eu 和 Yb 中,由于$(4f)^n$到$(4f)^{n+1}$过程中的能量低于费米能级,这些元素中的 4f 壳层会捕获另一个电子,而只留下两个电子参与形成金属键。实际上,与其他镧系元素相比,金属 Eu 和 Yb 具有较低的升华能以及较大的原子体积。磁性测量证实了 $4f^7(Eu^{2+})$ 和 $4f^{14}(Yb^{2+})$ 构型的存在。

图 5.4 中 U 值曲线显示 Gd 和 Eu 的 U 值异常高,其基态均为半满壳层 $4f^7$。在这些单质中,均有一个电子从具有最大数目的平行自旋的构型中被移走,因此具有最大的交换稳定性。当它被放在另一个离子上时,必然会出现一个与其他所有电子都相反的自旋,此时这种稳定性就完全丧失了。类似的交换稳定性的丧失不会发生在其他电子构型上。半满壳层离子对 U 的额外贡献在过渡族元素中也很重要。

5.2.2　二价镧系元素化合物

图 5.5 所示的 4f 电子结合能的变化趋势可以用来讨论镧系元素中的一些有趣的化学性质。虽然三价的 Ln^{3+} 是最常见的,但其他氧化态也存在。在这个系列开始的 Ce 和 Pr 以及半满壳层之后的 Tb 中,从$(4f)^n$到$(4f)^{n-1}$态的电离能低到足以使某些 Ln^{4+} 化合物保持稳定。对于正好位于这个系列中点之前的 Sm 和 Eu 以及位于最后的 Tm 和 Yb,三价离子的电子亲和力足够高以致可以观察到 2+态。某些系列中全系列的二价化合物固体都已被发现,并且它们的电子性质呈现出有意思的趋势。这些化合物包括二碘化物(LnI_2)、单硫族化合物(LnS、$LnSe$ 和 $LnTe$)和六硼化物(LnB_6)。LnB_6 的结构中含有通过顶点相互连接在一起的 B_6 正八面体,并且具有类似于闭式硼烷阴离子$(B_6H_6)^{2-}$的形式电荷$(B_6)^{2-}$。因而 CaB_6 是非金属性的,其在硼−硼成键轨道组成的价带和 Ca 4s 导带之间有一个带隙。

上面提到的许多 Ln^{2+} 化合物是金属性的,其产生原因和在单质中的情形一样,最不可能源于部分填充的 4f 轨道,因为这些能级的宽度与哈伯德排斥能 U 相比实在太小。事实上,尽管在大多数气相的 Ln^{2+} 离子中能量最低的构型为$(4f)^{n+1}$,但在这类化合物中,$(4f)^n(5d)^1$ 构型似乎更加稳定。造成这种差异的原因可能有两个:

(1) 5d 轨道屏蔽外层电子不及 4f 轨道有效,且$(4f)^n(5d)^1$构型的离子更小。因此,具有这种构型的化合物的晶格能比$(4f)^{n+1}$构型的要大。

(2) 5d 轨道的重叠导致出现相当大的带宽。因此,一个靠近带底的电子可能会参与成键,而这对 4f 轨道上的电子来说是不可能的。

因此,LaI_2 和 LaB_6 等化合物的金属性来自一个处于较宽的 5d 能带中的电子。由于 4f 电子组态一般为 Ln^{3+} 离子,而不是 Ln^{2+} 离子,因此这类化合物有时表示为

$Ln^{3+}(e^-)X^{2-}$,而不是通常的二价化合物的 $Ln^{2+}X^{2-}$ 形式。虽然这样的表示在描述电子结构时很有用,但它往往掩盖了镧的形式氧化态为 2+ 的事实。

　　然而,并不是所有镧系元素的二价化合物都是金属性的,图 5.6 显示了整个系列中可能发生的变化。图中给出的导带来自 Ln 5d 轨道。在图 5.6(a) 中,$(4f)^n \rightarrow$ $(4f)^{n+1}$ 过程的能量要高于该带中的费米能级。正如前面所描述的一样,额外的电子会占据 5d 能带,而不是 4f 能级。但是如图 5.6(b) 所示,随着 4f 结合能的增加,4f 能级可能会下降到费米能级以下。于是额外的电子会被 4f 轨道捕获,"二价"金属 Eu 和 Yb 就属于这种情况。此时的化合物 $Ln^{2+}X^{2-}$ 的电子排布为 $(4f)^{n+1}$,同时由于闭壳层外的电子都位于 4f 轨道上,因而不会有金属性电导发生。从图 5.5 所示的能量可以看出:这种情况最可能发生在 Eu 和 Yb 中,其次是在 Sm 和 Tm 中。这些正是被发现的具有非金属性化合物(如单硫族化合物)的元素种类。

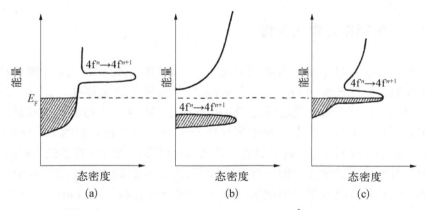

图 5.6　镧系二价化合物的电子能级。$(4f)^n$ 仍然是 Ln^{3+} 的电子构型。(a) 金属性化合物,其额外电子位于 5d 导带;(b) 非金属性化合物,电子被 4f 轨道捕获;(c) 中间态,具有混合的电子构型

　　如上面提到的那样,由于 $(4f)^{n+1}$ 构型的离子半径较大,所以镧系电子构型的变化也反映在晶格参数上。硫化物(LnS)和碲化物(LnTe)的晶格参数的变化趋势如图 5.7 所示。在 Sm、Eu、Tm 和 Yb 中发现了含有碲的非金属化合物。然而,额外的晶格能足以使 Tm 与硫一起形成金属性的 $(4f)^n(5d)^1$ 态。

　　硒化铥(TmSe)的情况特别有趣。其晶格参数介于两种电子构型的预测值之间,且各种电子结构测量表明它是具有 $(4f)^{12}(5d)^1$ 和 $(4f)^{13}$ 两种构型离子的混合态。如图 5.6(c) 所示,该化合物 4f 能级的能量与费米能级一致。从晶体结构上看,所有的 Tm 离子都是等同的,却存在两种电子构型的混合。然而,由于 4f 轨道与其他轨道的重叠非常小,这种情况与过渡金属能带结构中 s 轨道与 d 轨道的混合有很大的区别。为了便于理解,可以认为电子在 4f 能级上非常缓慢地跃迁。因

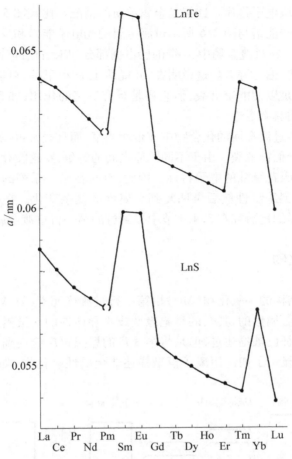

图 5.7 镧系元素的硫化物(LnS)和碲化物(LnTe)的晶格参数

此,在快速电子时间尺度上的测量(如 PES)中就会显示两种不同的构型。TmSe 也被称为混合价态或波动价态化合物。但从化学的角度来看,这是一种误导,因为镧的形式氧化态总是 2+。所以,我们最好称它为混合构型化合物(mixed configuration compound)。除此而外,还有一些此类化合物的例子。六硼化钐(SmB_6)是其中之一。虽然在大气压下硫化钐(SmS)是非金属性的,其构型为$(4f)^6$,但其在高压下也表现出相同的行为。镧系化合物的混合构型还有许多有待深入研究的异常电子性质和磁性。

5.3 过渡金属化合物

过渡金属及其化合物的 d 轨道重叠要比镧系的 4f 轨道强。在多数情况下,d

带的宽度足以克服电子排斥。这正是金属单质的情况。比较图 5.3 所示钆的光电子能谱和反光电子能谱与图 2.6 所示过渡金属的光电子能谱和反光电子能谱就会发现有趣的现象：在过渡金属中，d 带的已占据部分和未占据部分在费米能级处相交，不存在莫特-哈伯德劈裂。这说明在 3d 能级上 U 小于 W，可以采用能带理论。虽然电子斥力不足以使能带劈裂，但它还是具有一定的作用，如 3.3.2 节所示，它使后 3d 元素单质具有磁性。

然而，在许多过渡金属的化合物中 d 带相当窄，而且经常可以看到局域化电子所具有的莫特-哈伯德劈裂。由于不同效应之间的竞争，在这类化合物中可以观察到各种各样令人眼花缭乱的电子特性。因此，有时在单一系列的化合物中就可以观察到从金属性到绝缘性然后再回复到金属性的复杂变化。在描述主要趋势之前，我们将先较详细地研究在 3.4.4 节中提到过的第一行过渡金属的一氧化物。

5.3.1　一氧化物

具有 NaCl 结构的一氧化物（MO）由第一行过渡族元素（Ti、V、Mn、Fe、Co、Ni）形成。前两个是金属性的，其余的是绝缘性或半导体性的。虽然过渡金属化合物比较宽的能级特征已被描述过，但是将第 3 章的思想再次应用到本系列中是很有意思的。图 5.8 显示了如何用离子模型描述非金属性氧化物（如 MnO）的电子能

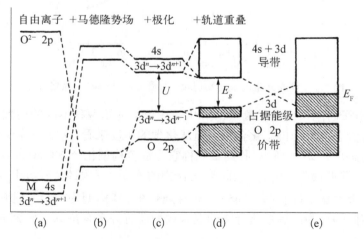

图 5.8　第一过渡族元素的一氧化物的能级的示意图（请比较图 3.1）。（a）自由离子的能级，包括 $(3d)^n \rightarrow (3d)^{n+1}$ 和 $(3d)^n \rightarrow (3d)^{n-1}$ 的能量；（b）马德隆势场中的离子；（c）考虑了极化的影响，显示了 3d 轨道的哈伯德 U 值；（d）轨道重叠，使 3d 带宽缩小到非金属性氧化物的水平，带隙为 E_g；（e）宽的 d 带赋予化合物金属性

级。图中所示的能级为：氧 2p，其能级形成价带；金属 4s，其能级形成较宽的导带；对应于如下两个过程的金属 3d 能量：

$$(3d)^n \longrightarrow (3d)^{n+1} \tag{5.11}$$

和

$$(3d)^n \longrightarrow (3d)^{n-1} \tag{5.12}$$

这里 n 为二价金属离子中 3d 电子的数目。

图 5.8 中所示的效应和 3.1.1 节中所讨论的是一样的。自由离子能量（a）受如下几个因素的修正：（b）离子晶格中的马德隆势；（c）极化，它增加了已占能级的能量，降低了空能级的能量；（d）轨道重叠所产生的带宽。过渡族化合物与 3.1 节讨论的化合物的主要区别在于其 3d 轨道为部分填满的。因此，必须考虑两个过程的能量[式（5.11）和式（5.12）]，即分别对应于一个电子加入 d 壳层释放的能量（电子亲和能）和从 d 壳层移走需要的能量（电离能）。哈伯德 U 值为这两种能量的差值。在气相中，它是第二电离能和第三电离能的差，大约是 15 eV 左右。如图 5.8(c) 所示，固体中的极化效应降低了 U 值的大小。虽然最终的 U 值很难估计，但在许多化合物中该值可能在 3~5 eV 范围内。

图 5.8(d) 所示的为非金属性氧化物的情况，其 d 带宽度不足以克服莫特-哈伯德劈裂。光电子能谱测量结果表明：从 MnO 到 NiO 的一氧化物中被占据的 d 带宽度大约为 1 eV。而空带可能会很宽，这是由于以下电子过程：

$$(3d)^n \rightarrow (3d)^{n+1}$$

和

$$(3d)^n \rightarrow (3d)^n (4s)^1$$

的能量非常接近，且这些能级很可能相互重叠而成为一个能带，同时具有 3d 和 4s 带的性质。

图 5.8 所示的带隙 E_g 具有和简单氧化物如 MgO 中带隙不一样的性质。过渡族氧化物中最高的被占据能级由金属 3d 轨道组成，所以带隙上的激发本质上是从阳离子的一个被占据的 3d 轨道到相邻的一个阳离子的空轨道上的跃迁。但在 MgO 中，带隙存在于由 O 2p 组成的价带和由 Mg 3s 组成的导带之间。过渡金属氧化物中同样可以观察到 O 能级之间的跃迁，其能量远在主吸收边之上。电子吸收谱和光电子能谱对图 5.8(d) 所示的不同能级给出了实验估计，也给出了图 5.9 中的一些氧化物能级的能量值。尽管该系列没有图 5.5 所示的 4f 能级那样完整，但其趋势确实都是相同的。3d 能级随着核电荷数的增加（Fe，Co，Ni）同样趋于稳定并且在半满壳层[Mn，$(3d)^5$]之后该趋势也出现了中断。FeO 中被占据的 3d 能级

位置较高(表明束缚能较低),这具有很重要的化学意义。所有的这些氧化物都可以产生金属的化学计量缺陷,在结构上显示为阳离子空位,而因此缺失的正电荷则通过使一些 M^{2+} 进一步氧化到 M^{3+} 得到补偿。该过程对 FeO 来说要比在其他几个非金属性氧化物中容易得多。实际上,FeO 的方铁矿相永远是非化学计量比的,Fe 缺陷在该结构中无法避免。在溶液中,Fe^{2+} 同样明显地更容易氧化,这是由与固体中一样的原因导致的。

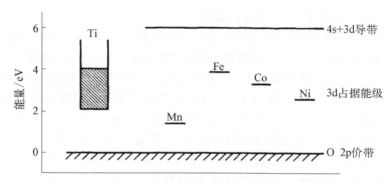

图 5.9　从光谱测量得到的一些 3d 元素—氧化物的电子能级。氧的 2p 价带顶被定义为能量零点

图 5.8(e)中展示了 d 带变宽之后所发生的状况:此时被占据的和未被占据的部分会发生重叠,使费米能级位于部分占据能带的中间,从而得到一个金属性的化合物。这和图 5.2 中所示的哈伯德子带随着带宽的增加而在能量上发生重叠的效应是一样的。得到的能级结构同样适用于 TiO 和 VO。图 5.9 给出了从光电子能谱中得到的 TiO 能级的实验测定值。如 3.4.3 节提到的那样,这些化合物中额外增加的 3d 带宽虽部分来自位于过渡族前部分元素的更为弥散的 d 轨道,但也和高浓度的空位有关。虽然也有观点认为 3d 轨道增宽的另一原因是其与较宽的 4s 带的近邻效应,但能带计算结果表明导带底主要由 3d 轨道贡献,并不支持这种观点。金属性的 4d 化合物 NbO 的情况和 TiO、VO 非常相似,但其空位是有序的而非随机排列的。

5.3.2　一般趋势

我们不可能对过渡金属化合物作全面的研究。但是,研究那些在它们的电子结构中观察到的一般趋势是很有用的。与一氧化物的情况一样,任何增加 d 带宽度或降低排斥能 U 的因素都有可能导致电子的离域化。其中一些比较重要的因素如下:

(1)在族中所处的位置。较大 d 轨道其带宽比较宽,U 值也比较小。过渡族中比较靠前的元素（就像在一氧化物系列中一样）或者第二和第三过渡族元素就属于这种情况。

（2）氧化状态。d 带宽度可以直接由金属-金属轨道重叠产生，也可以间接通过引入的阴离子形成的共价键产生。前者存在于氧化态特别低的化合物［如 TiO 和富含金属的化合物（如 ZrCl）］中，后者则存在于氧化态特别高的化合物（如 ReO_3 和 $LaNiO_3$，两者都是金属性的）中。

（3）阴离子种类。当带宽来自共价键时，它很可能会随低电负性阴离子的加入而增加。因此大多数卤化物电子都是局域化的；而较重的硫族化合物、磷化物等通常是金属性的；氧化物和硫化物介于两者中间，具有多种可能。

（4）电子构型。我们在镧系元素中发现，自旋平行的电子间的交换稳定性在电子壳层填充达到半满时对 U 值有额外的贡献。在过渡族中也可以看到同样的效果：$(3d)^5$ 构型的 Mn^{2+} 化合物的金属化可能性明显低于邻近元素。例如，许多该族的硫化物（MS）都具有 NiAs 结构，含有金属-金属键合，通常表现为金属性（其中许多形成了可变化学计量比的相，如 TiO 和 VO）。然而，MnS 却具有 NaCl 结构，表现为非金属性。

（5）其他阳离子。三元化合物（如钙钛矿氧化物，ABO_3）中含有另一个阳离子。当该阳离子为 A 位金属离子时，它的空轨道能量比过渡金属 d 能级要高得多，它对电子结构的影响通常很小。当该阳离子为 B 位后过渡金属离子时，便具有可被填充的 s 轨道，其能量范围与 d 带相同。这两个阳离子之间的相互作用，无论是通过直接的重叠还是通过阴离子的间接作用，都可以增加 d 带宽度。因此，尽管在 $Y_2Ru_2O_7$ 中 Ru^{4+} 具有局域化的 $(4d)^4$ 电子构型，但 $Bi_2Ru_2O_7$ 却是金属性的。PES 测量表明，这和 Bi^{3+} 中的 6s 电子有关。

另外，还有一个因素可以对金属性有贡献。虽然对于哈伯德模型，包含任意整数个电子的原子都会得到相同的结论，但在 5.1 节对该模型的讨论中我们曾假设了一个半满的能带。这是由于如果向这些半满的带中增加一些电子，它们便可以从一个原子移动到另一个原子，而不受任何额外的电子排斥（图 5.10）。如果从较低的子带中把电子移走情况也是一样。因此，无论 U 和 W 的相对大小如何，非化学计量比的化合物或具有混合价态的化合物似乎都应该是金属性的。其中一个例子为 Fe_3O_4，它在常温下的确有很高的电导率，这是由于从 Fe^{2+} 到 Fe^{3+} 的电子转移很容易发生：两个离子在反尖晶石晶格中处于等效的八面体位置。然而，许多混合价态和非化学计量比化合物都不是金属性的，Fe_3O_4 本身也会在 135 K 以下变为半导体。其原因是具有窄带的化合物容易受到晶格畸变的影响，而晶格畸变往往倾向于束缚住额外的电子或空穴。这些效应将在第 6 章中详细解释。

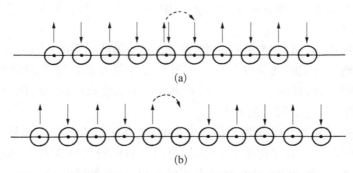

图 5.10　可能的不引起额外的电子排斥的电子(a)或者空穴
(b)的移动

最后,我们必须记住的是:过渡金属化合物也可以由于电子局域化之外的原因呈现非金属性。3.4.2 节解释了配体场效应是如何使 d 带劈裂的,以及某些电子构型是如何产生被填充的能带的。这些化合物中的带隙可能有来自电子排斥的贡献,但它们主要还是来自化学键的作用,这和传统的能带模型很类似。

5.3.3　局域电子性质：配体场效应

配体场劈裂对具有局域 d 电子的化合物的性质也有很大影响。这些效应比在镧系中更为重要,这是因为部分填充的 d 轨道与邻近原子的相互作用相对于 4f 轨道更强。正如 3.4.2 节所解释的,d 轨道的劈裂是它们与周围配体的成键相互作用不同的结果。直接指向配体的轨道形成 σ 键。配体的电子被容纳在成键分子轨道中,因此金属 d 电子不得不占据更高能量的反键轨道。在图 3.17 给出的常见的八面体配位情况中,有两个成 σ 反键态的 d 轨道,即 d_{z^2} 和 $d_{x^2-y^2}$,通常由 e_g 来表示。其他三个 d 轨道(d_{xz}、d_{yz} 和 d_{xy}),则称为 t_{2g} 组,它们并不直接指向八面体配体,所以只形成 π 反键的组合。由于 σ 键的相互作用更强,所以 e_g 组的能量更高。

由于整个过渡族元素的 d 壳层都是被填充的,轨道的填充顺序取决于配体场的劈裂能 Δ 和原子内部使自旋倾向平行排列的交换能的相对大小。3.4.2 节讨论了电子在较低的 d 轨道中配对的情况。如果 Δ 足够大,会得到低自旋构型。这种低自旋构型有时也会在局域电子中发现,如 $Y_2Ru_2O_2$ 中 Ru^{4+} 的 $(t_{2g})^4$ 态。然而,对于卤化物和氧化物中的大多数局域电子构型来说交换能更为重要。因而电子会排列在 d 轨道上,以便使尽可能多的电子实现平行排布。例如,MnO 的电子构型是 $(t_{2g})^3(e_g)^2$。八面体场中的高自旋电子构型如图 5.11 所示。

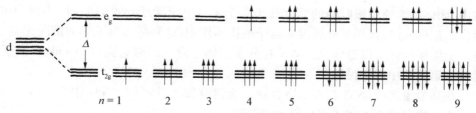

图 5.11　八面体配位中的过渡金属离子的高自旋电子构型

配体场劈裂的一个众所周知的结果是发生不同 d 轨道间的电子跃迁。配体场光谱可以在具有局域 d 电子的固体中被观察到，并且通常与孤立过渡金属配合物中的配体场光谱非常相似。例如，图 5.12 为氧化镍（NiO）的光学吸收谱与水溶液中测量的络合离子 $Ni(H_2O)_6^{2+}$ 的光学吸收谱。水溶液所得谱中的三个谱带为配体场跃迁，其与固体中的表现非常相似。该结果符合预期，因为在这两种情况下镍都被 6 个氧原子包围。

详细的分析表明：八面体 Ni^{2+} 的配体场带是由 t_{2g} 和 e_g 轨道上 8 个电子可能的不同排列方式引起的。其基态的电子排布是 $(t_{2g})^6(e_g)^2$。按照群论的观点，位于 e_g 轨道上的两个电子可以以不同的方式排列，从而给出如下光谱态：

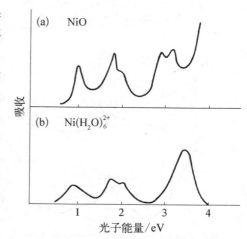

图 5.12　NiO（a）和 $Ni(H_2O)_6^{2+}$（b）的光学吸收谱，显示了三个自旋允许跃迁的配体场谱带

$$^3A_{2g}, \ ^1A_{1g}, \ ^1E_g$$

其中第一个为基态，含有两个自旋平行的电子。不同的激发电子态会给出不同的激发态：

$$(t_{2g})^5(e_g)^3: \ ^3T_{1g}, \ ^3T_{2g}, \ ^1T_{1g}, \ ^1T_{2g}$$

$$(t_{2g})^4(e_g)^4: \ ^3T_{1g}, \ ^1A_{1g}, \ ^1E_g, \ ^1T_{2g}$$

正常的自旋选择定则表明：受激发的三重态将在光谱中产生迄今最强烈的跃迁，正是这些跃迁形成了所观察到的三个谱带。这些态的能量除了依赖于配体场劈裂能 Δ 之外，还依赖于电子在 d 层内不同排布所产生的不同的电子排斥能。

固体中和配合物中的离子光谱的相似性印证了 NiO 中 3d 电子的高度局域性。其他测量表明其 d 带宽约为 1 eV。这种带宽在吸收光谱中无法观测到。在吸收光谱中,固体和溶液中吸收峰的宽度几乎完全来自电子跃迁导致的振动。配体场的激发态是局域的,该局域性也源自电子的排斥作用,这和基态电子中的情况完全一样。配体场激发可以看作是类似于在分子固体中发现的弗仑克尔(Frenkel)激子,这将在第 7 章中进行讨论。

在高能量区域,NiO 和六水络合物的光谱有很大的不同。NiO 中 3.8 eV 处的强吸收边来自图 5.8 和图 5.9 所示的带隙。

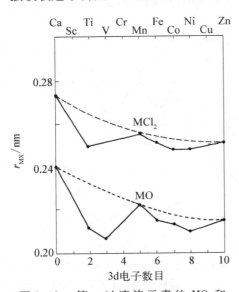

图 5.13　第一过渡族元素的 MO 和 MCl$_2$ 化合物原子间的距离(来源于 C. S. G. Phillips, R. J. P. Williams. *Inorganic Chemistry*. Oxford University Press, 1965)

配体场劈裂也会带来晶体结构上的改变,这是因为 d 电子的成键相互作用会随着轨道的填充而改变。图 5.13 显示了第一过渡族中某些 M^{2+} 化合物中金属-配体间的距离。总体来看其趋势是:随着核电荷的增加,金属离子的大小会收缩。然而,与该趋势叠加在一起的还有轨道的占据率的变化。相对于 d^3,d^5 的离子半径有所增加。同样的增加也发生在 d^8 和 d^{10} 之间。所有处在八面体位置的 M^{2+} 离子都具有高自旋的电子构型。通过与图 5.11 对比可以发现:当电子被添加到能量更高的反键 e$_g$ 轨道时,M—X 距离随之增加。

原子间平均距离图掩盖了配体场劈裂导致的另一个有趣的结果。当一组简并轨道被电子不均匀地占据时,电荷分布必然是不对称的,并且往往会产生一种扭曲周围配体几何形状的力。这就是姜-泰勒(Jahn-Teller)效应。对于八面体形状,当 t$_{2g}$ 轨道有 1 个、2 个、4 个或 5 个电子时,或者当 e$_g$ 轨道中有 1 个或 3 个电子时,就会发生这种轨道占据不均匀的情况。在实际情况中,t$_{2g}$ 轨道中电子产生的畸变很小,通常很难观察到,但这种影响往往在 e$_g$ 轨道中表现得非常明显。通常高自旋电子构型为

$$d^4(t_{2g})^3(e_g)^1$$

和

$$d^9(t_{2g})^6(e_g)^3$$

姜-泰勒畸变通常被认为是八面体的四方拉伸,因此具有四个短键和两个长

键。图 5.14 给出了这种畸变的示意图,并展示了它如何改变 d 轨道配体场能量。
d_{z^2} 轨道的降低以 $d_{x^2-y^2}$ 轨道升高为代价,电子发生重新排布使整体变得稳定。

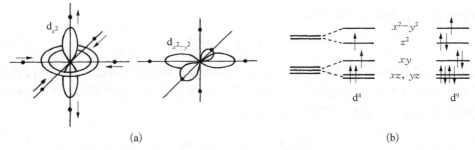

图 5.14　六配体配合物的四方姜-泰勒畸变。(a) 畸变环境中 d_{z^2} 和 $d_{x^2-y^2}$ 轨道的几何
　　　　形状;(b) 畸变产生的能量劈裂和 d^4、d^9 电子构型

　　最常见的 d^4 离子为 Cr^{2+} 和 Mn^{3+},具有这些离子的非金属化合物毫无例外地都
显示出晶格畸变。这对于具有 d^9 构型的 Cu^{2+} 离子也一样。固体中,每个离子周围
的畸变必须以一种与晶格相匹配的方式取向,其结果被称为**协同姜-泰勒畸变**
(cooperative Jahn-Teller distortion)。

　　具有协同姜-泰勒畸变的一个典型例子
为氯化铷铬(Rb_2CrCl_4)。其结构以 K_2NiF_4
为基础,含有层状结构,且其层间由碱金属
离子填充。每个过渡金属离子具有卤族八
面体配体,平面内有四个(图 5.15),上下各
有一个(未给出)。在 Rb_2CrCl_4 中,平面发
生畸变,因此两个 Cr—Cl 原子距离较长而
其他两个较短。又由于每个面外的 Cl 原子
距离较短,从而整体构成了 Cr 的四方配体。
在 K_2CuF_4 中可以看到非常相似的畸变。氧
化物中也存在类似协同姜-泰勒畸变,如钙
钛矿锰酸镧($LaMnO_3$)。在下一节中我们将
看到该畸变对这些化合物的磁性能有相当
重要的影响。

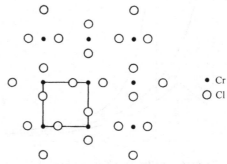

图 5.15　Rb_2CrCl_4 中的协同姜-泰勒畸
变。图中只给出了位于面内的 Cl^- 离
子,但每个 Cr^{2+} 的上方和下方都有一个
Cl^-。为了清晰起见,这种扭曲被夸大了
(来源于 P. Day, M. T. Hutchings, E.
Janke, P. J. Walker. *J. C. S. Chem.
Comm.*, 1979:711)

5.3.4　局域电子的磁性

　　处于局域态的未配对电子具有与金属中未配对电子非常不同的磁性。在
3.3.1 节中,我们看到了简单金属的泡利磁化率是与温度无关的。然而,在具有未

配对电子的孤立配合物中,磁化率则服从居里定律:

$$\chi = C/T \tag{5.13}$$

居里常数 C 取决于电子的磁矩 μ:

$$C = N\mu_0 \mu^2/(3k) \tag{5.14}$$

在镧系元素中,磁矩总是具有来自 4f 电子的轨道角动量的贡献。然而,在过渡族元素中,d 电子的轨道运动在很大程度上受到配体场效应的抑制而发生轨道淬灭,因而采用仅含有自旋的公式是一种很好的近似:

$$\mu = g\{S(S+1)\}^{1/2}\mu_B \tag{5.15}$$

式中,μ_B 为玻尔磁子;S 为配合物的自旋量子数。尽管自旋-轨道耦合会使 g 因子的值稍微改变,g 因子仍接近于自由电子的值,大小约为 2。

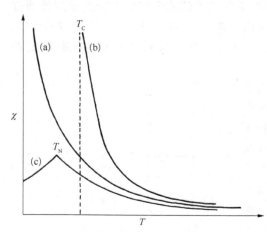

居里定律只适用于彼此孤立的磁性离子。而在固体中,离子之间总是具有一定程度的相互作用,其磁性更为复杂。图 5.16 显示了磁化率随温度变化的三种方式。顺磁固体中的离子之间没有相互作用,因此服从居里定律。在铁磁固体中,磁化率随着温度的降低而急剧上升,在居里温度 T_C 下,离子之间的磁相互作用使自旋彼此平行排列。在反铁磁的情况下,奈尔(Néel)温度 T_N 以下发生的自旋排列导致不同离子磁矩相互抵消,从而降低了磁化率。最简单的反铁磁排列为晶格中离子的磁矩交替指向相反的

图 5.16　顺磁(a)、铁磁(b)和反铁磁(c)固体中磁化率随温度变化示意图

方向,但也存在更复杂的反铁磁排列形式。

在远高于磁有序温度的区域,磁化率由居里-外斯(Curie-Weiss)公式给出:

$$\chi = C/(T-\theta) \tag{5.16}$$

对于铁磁体,外斯常数 θ 为正,而对于反铁磁体则为负。

当固体具有不止一种磁性离子时可以表现出更为复杂的磁有序。例如在亚铁磁性材料中,虽然自旋是反平行排列的,但由于其来自不同的磁性离子,所以与反铁磁的情况不同,其磁矩并没有完全抵消。

表 5.1 和表 5.2 给出了一系列过渡金属化合物的磁性能,它们都具有局域的

3d 电子。磁矩大小与式(5.15)计算的大体一致,偏差是由体系仍然存在很小的轨道贡献所致。在其他一些情况下,表中的磁矩可能不是很可靠,如具有高磁有序温度的固体,它们往往不能很好地服从居里-外斯定律。虽然磁化率测量可以给出磁有序的类型,但它们不能显示出自旋的具体排列。对此最好的技术是中子衍射,它利用了中子会被未配对电子散射的原理。图 5.17 为反铁磁固体 MnO 在低于奈尔温度时的磁矩排列。

表 5.1 一些铁磁固体的磁学性质

化合物	磁性离子	自旋(S)	观测到的磁矩(μ/μ_B)	居里温度 T_C/K
Rb_2CrCl_4	Cr^{2+}	2	5.8	57
K_2CuF_4	Cu^{2+}	1/2	1.8	6
$La_{0.7}Sr_{0.3}MnO_3$	Mn^{3+},Mn^{4+}	2,3/2	3.7	350

表 5.2 一些反铁磁固体的磁学性质

化合物	磁性离子	自旋(S)	观测到的磁矩(μ/μ_B)	外斯常数 θ/K	奈尔温度 T_N/K
MnO	Mn^{2+}	5/2	5.5	-417	122
MnF_2	Mn^{2+}	5/2	6.0		67
FeO	Fe^{2+}	2	7.1*	-507	198
CoO	Co^{2+}	3/2	5.0*	-300	292
NiO	Ni^{2+}	1	4.6*	-2 000	530
NiF_2	Ni^{2+}	1	3.6	-116	83

* 由于不能很好遵从居里-外斯定律,数据可能不可靠。

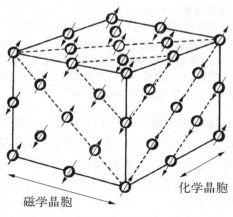

图 5.17 低于奈尔温度时 MnO 中的 Mn^{2+} 离子的磁矩排列

　　磁有序降低了固体中的熵,与倾向于使自旋方向随机排列的热扰动的作用相反。因此,有序温度取决于相邻离子之间相互作用的强度。NiO 的奈尔温度是530 K,这是非常高的,有很多磁性固体的有序温度都不到 10 K。尽管磁性离子之间存在直接的偶极子-偶极子长程相互作用,但计算表明在大多数情况下这种作用都太弱了,无法解释所观察到的磁有序。相对而言,交换相互作用则重要得多,它同 d 带的展宽一样源于化学成键效应。交换相互作用可以来自含有未配对电子的d 轨道之间的直接重叠。然而,正如前面所讨论的,大多数过渡金属离子之间的相互作用是间接的,并涉及与中间配体原子的共价键。这种磁相互作用被称为超交换相互作用。图 5.18 显示了交换作用的一些可能的机制。

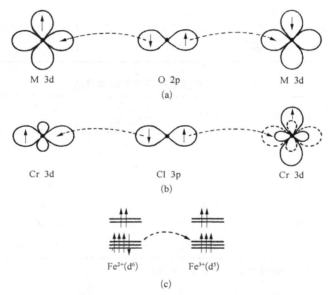

图 5.18　磁交换耦合机制。(a) 超交换使具有中间阴离子的磁性离子形成反铁磁排列;(b) Rb_2CrCl_4 中的协同姜-泰勒畸变(见图 5.15)导致一个离子的被占据轨道(——)与相邻离子空轨道(----)之间的交换相互作用,被占据轨道自旋间的净耦合是铁磁性的;(c) 双交换:只有当多数自旋具有铁磁排列时,少数自旋的电子才可能从 Fe^{2+} 转移到 Fe^{3+}

　　图 5.18 显示了在一氧化物(MO)中两个金属原子被氧原子分开的情况。金属的 d 轨道和氧的 2p 轨道的重叠产生了一些共价混合,并且有一个电子部分地从氧原子的轨道转移到金属原子轨道。如果金属原子 A 有一个自旋向上的未配对电子,则只有自旋向下的电子才能转移到同一个轨道上。另外,与金属原子 B 成键的必然只能是氧原子自旋向上的电子。而且只有当金属 B 的未配对电子处于自旋向下状态时才有可能。因此,这两个金属原子和同一氧原子的共价作用导致了它们

磁矩的反铁磁性排列。超交换机制预测的最强烈的相互作用是在被氧离子隔开的次近邻金属离子之间的反铁磁相互作用。图 5.17 中所示的 MnO 的磁结构支持了这一结论,因为所有成对的次近邻磁性离子的自旋都呈反平行排列。从表 5.1 中奈尔温度的排序(MnO、FeO、CoO、NiO 依次增加)可以看出共价强弱对交换作用的影响。随着过渡族元素有效核电荷的增加,金属-氧的轨道混合随之增加,从而产生了更强的超交换相互作用。

尽管超交换相互作用经常会导致自旋的反铁磁耦合,但在某些情况下它也会倾向于使自旋形成铁磁排列。氯化铷铬(Rb_2CrCl_4)就是一个很好的例子,其在5.3.3 节中已经被作为协同姜-泰勒效应的例子进行了讨论(见图 5.15)。如图5.18(b)所示,由于晶格畸变,相邻 Cr^{2+} 离子上已占据的 3d 轨道指向不同的方向。填满的卤族轨道一边与半填满的 d 轨道发生重叠,另一边还有一个空的 d 轨道。同样的论证表明,如果第一个金属离子有一个自旋向上的电子,就会有自旋向上的净电子密度转移到另一个原子的空轨道上。此时如果第二个原子的占据轨道上也有自旋向上的电子,其内部不同轨道上的电子之间交换相互作用就会使体系能量变低。于是,相邻的 Cr^{2+} 离子之间具有铁磁相互作用。

金属离子间的电子转移在诸如 Fe_3O_4 等混合价态化合物中得到了增强。这种转移可以导致另一种类型的磁交换相互作用,即**双交换**。从高自旋 Fe^{2+} 到邻近的 Fe^{3+}最容易移动的电子是少数自旋态的电子,因为这使剩下的电子具有平行的自旋排列〔见图 5.18(c)〕。然而,只有当接收电子的 Fe^{3+} 自身的自旋为平行排列时,这种转移才有可能发生。铁离子之间电子的离域导致能量降低,从而有利于磁矩的铁磁性排列。这可以在 Fe_3O_4 八面体位置的 Fe^{2+} 和 Fe^{3+} 离子中观察到。还有另一组 Fe^{3+} 离子位于四面体位置上,但它们的轨道能量不同,不参与电子转移过程。超交换导致四面体铁的自旋相对于八面体铁的自旋呈反铁磁性排列,因此 Fe_3O_4 是亚铁磁性的。

在一些过渡金属化合物中,d 带宽到可以产生离域电子时,其磁性也很有趣。例如,金属性氧化物 CrO_2 为铁磁性,其居里温度 $T_C = 392$ K。在 3.3.2 节中展示了过渡元素只要其能带足够窄,磁有序也可以在金属中出现,这是以牺牲键能为代价而使原子上的电子自旋发生取向排列。许多金属化合物的磁性不能用简单的能带图像来理解。例如,它们的磁化率随温度的变化往往服从居里-外斯定律而非泡利顺磁性。即使在没有发生磁有序的情况下,这种行为通常也表明 d 带相当窄以及电子的排斥效应在其中起重要作用。

5.4　电子间排斥的其他理论

哈伯德模型为研究具有窄 f 和 d 带的固体中的电子斥力提供了有效方法。然而,它只着眼于一个原子内的短程效应。但在某些情况下,距离较远电子的斥力也很重要。例如,哈伯德理论不能很好地描述从局域电子到巡游电子的过渡。接下来的两部分将简单介绍一些解决电子局域化问题的其他方法。

5.4.1　维格纳结晶

维格纳(Wigner)是强调固体中长程电子排斥效应重要性的第一人。他指出:在电子密度非常低的情况下,简单金属中的自由电子气是不稳定的,每个电子都会局域化,且结晶成为一个体心立方(b. c. c.)晶格。这种结构可以使电子间的斥力最小化。维格纳结晶所需的电子密度很难精确估计,但它肯定远低于绝大多数金属单质中的电子密度。有人认为这种长程的排斥作用可能在诸如 Fe_3O_4 这样的混合价态化合物中起作用。在 120 K 以下,这种化合物不再是金属性的,且在可分辨的位置上包含局域化的 Fe^{2+} 和 Fe^{3+} 离子。这种局域化使额外的电子具有规则的间距,所以一定是受到了长程排斥作用的影响。然而,在第 6 章中描述的晶格畸变效应在 Fe_3O_4 等混合价态化合物中也具有重要的作用。

尽管还没有被严格验证的三维维格纳结晶的例子,然而最近在掺杂半导体异质结区的二维电子系统的实验中的确观察到了维格纳型的局域化。

5.4.2　极化灾变模型

对电子间长程静电相互作用的另一种处理方法是建立在固体的介电性质上的,这在 2.4 节中有所讨论。式(2.6)给出了模型固体中的介电方程,该固体的单位体积中有 N 个振子,每个振子的基础频率均为 ω_0:

$$\varepsilon(\omega) = 1 + \frac{(Ne^2/\varepsilon_0 m)}{\omega_0^2 - (Ne^2/3\varepsilon_0 m) - \omega^2 + i\omega/\tau} \quad (5.17)$$

分母中的 $Ne^2/3\varepsilon_0 m$ 项来自固体中的相互极化,其作用是增强任何外加电场的作用并降低激发频率。当 $\omega = 0$ 时,该式变为

$$\varepsilon_s = 1 + \frac{(Ne^2/\varepsilon_0 m)}{\omega_0^2 - (Ne^2/3\varepsilon_0 m)} \quad (5.18)$$

这里的 ε_s 为静态介电常数。当振子以如下公式给出的浓度 N_c 堆积在一起时 :

$$1/N_c = e^2/(3\varepsilon_0 m\omega_0^2) \quad (5.19)$$

式(5.18)中的分母为零,ε_s 变得发散,这称为**极化灾变**。在临界浓度下,固体中的

激发频率降为零。如果这时发生电子激发,那意味着该固体是金属性的。当然,在介电方程部分的极化灾变也可以由原子的位移引起(见 3.2.3 节)。此时,固体中的原子从其正常晶格位置移开,从而产生一个净的电偶极矩。发生这种情况的固体如钛酸钡($BaTiO_3$),被称为铁电体,在诸如电子线路中的电容器等方面具有重要的应用。然而,我们在此处感兴趣的只是电子的极化灾变,它预测了固体从非金属性到金属性的转变。

单振子模型只能为原子或分子中的电子行为给出一个相当粗略的图像,但是式(5.19)右边展示的模型振子的电子极化率可以与真实的体系建立联系。用**摩尔极化率**或者**摩尔折射率** R 和固体的摩尔体积 V,可以将式(5.19)写成另一种形式。此时,极化突变的判据变为

$$R/V = 1 \tag{5.20}$$

顾名思义,摩尔折射率可以通过测量原子或分子在稀溶液或气相中的折射率来估算。由式(5.20)可知:对于任何原子或分子都有一定的临界摩尔体积,低于临界摩尔体积就会形成金属性的固体。爱德华兹(Edwards)和西恩可(Sienko)将这一思想应用到固体单质中,并绘制了如图 5.19 所示的图表。很明显,除了一两种元

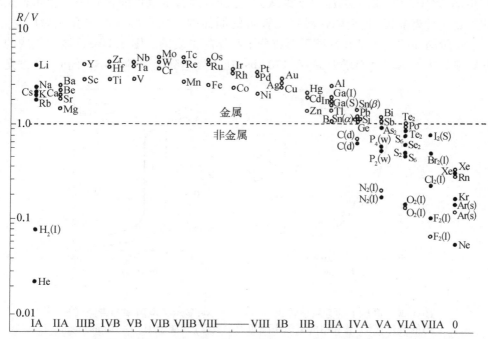

图 5.19　元素周期表。其中,$R/V>1$ 的为金属元素,$R/V<1$ 的为非金属元素(来源于 P. P. Edwards, M. J. Sienko. *Chem. Brit.*, 1983:39)

素显得模棱两可之外,$R/V=1$判据完全把金属元素和非金属元素分开。用这个理论很容易解释元素周期表上呈现的趋势,这是价电子随有效核电荷数增加而产生不同状况所致。随着有效核电荷数的增加,价电子被束缚得越来越紧,原子极化率降低。非金属系列的趋势则明显相反,即主量子数的增加导致极化率的增加,使R/V向金属边界靠近。

极化灾变模型完全聚焦在固体中原子间的静电相互作用。该模型认为:不同原子上价电子的相互极化促使它们在某一临界密度下变为自由电子。这与目前所采用的能带来自轨道重叠的图像非常不一样。实际上,在极化灾变模型的计算中并没有考虑原子轨道的重叠。很可能两者之间有某种更深刻的联系,但目前还不得而知。

5.4.3　高、低密度处的金属-绝缘体转变

极化灾变理论的最重要的预测是:在足够高的密度下,即当摩尔体积小到可以满足式(5.20)时,任何固体都会变成金属性的。虽然通常在实验室里无法获得提供这种密度所需要的压力,但这一预测几乎可以肯定是正确的。例如,固态氢在2 Mbar(2×10^{11} Pa)以上的压力下被认为是金属性的,木星可能含有一个金属态氢的核心。对离金属-非金属临界线比较近的固体的金属性转变的研究尤为广泛。一个众所周知的例子是在常压下形成分子晶体的单质碘。图5.20(a)显示了碘的电导率随压力的增大而增大,并在170 kbar压力处达到金属的大小。同时,通过光

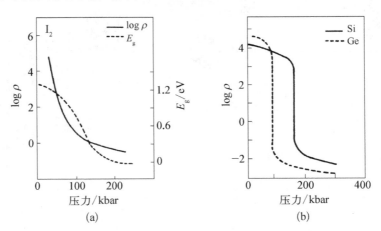

图5.20　高压下的金属态转变。(a)分子碘,显示了电阻率和带隙随压力的变化;(b)硅和锗的电阻率随压力的变化(来源于 H. G. Drickamer, C. W. Frank. *Electronic transitions and the high-pressure chemistry and physics of solids*. Chapman and Hall, 1973)

谱测量的带隙也逐渐减小到零。在其他一些体系中,还可以观察到更突然的变化。图 5.20(b)显示了单质硅和锗的电导率随压力的变化。这些单质向金属态的一级转变中伴随着晶体结构的变化,即从正常的金刚石结构转变为金属的白锡结构。

与之相反的预测是:所有在正常情况下是金属性的固体,在密度降低时都不再是金属性的。这种密度的降低可以通过各种方式实现。例如,低温下在惰性原子的基体(如固态氩)中稀释金属原子。研究发现,金属性电导的产生需要金属原子的浓度达到某临界值。此外,还对临界温度以上的金属蒸气进行了实验。在该实验中,金属蒸气的密度可以连续改变。图 5.21(a)为用该方法测得的铯电导率随密度变化的函数。该金属的正常密度是 $1.9\ \mathrm{g/cm^3}$。从图中可以看到,电导率在该密度的一半左右迅速下降。这与式(5.20)的预测非常吻合。

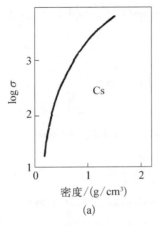 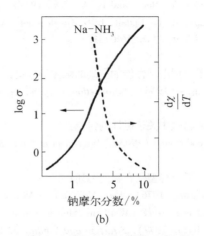

图 5.21　"膨胀金属"。(a)临界温度之上的铯电导率随密度变化的函数;(b)溶于液氨中的钠电导率和磁化率温度系数随钠摩尔分数的变化(来源于 J. C. Thompson. *Electrons in liquid ammonia*. Oxford University Press, 1970)

化学中著名的"膨胀金属"是由碱金属溶解在液氨中形成的。在低浓度下,溶液的性质通常是用电子被溶剂氨分子所束缚来解释的,尽管也有证据表明其中含有其他的物质,包括 Na 离子。如果金属浓度增加,其性质随之发生变化。首先,其颜色会变成和金属一样的青铜色,反射率测量表明这与其中的等离子体频率有关,这在 2.4.3 节有所讨论。另外,电导率上升,并且磁化率的行为同样发生变化。在低浓度时,磁化率随温度升高而降低,表现出局域的非配对电子的居里-外斯型特征。在较高的浓度下,它几乎不受温度的影响,表现为金属的特性。这些变化如图 5.21(b)所示。以上结果与 Na-NH₃ 体系在摩尔分数 15% 左右的金属态转变相一致。

金属绝缘体转变广泛地存在于一系列固体中,我们将在接下来几章中对此从不同角度进行讨论。

拓展阅读

对于哈伯德模型更深入讨论会变得非常理论化,这对化学家来说非常难以接受。这里给出了该领域的一些文献(主要偏重物理)以供参考:

N. F. Mott (1974). *Metal-insulator transitions*. Taylor and Francis.

关于过渡金属氧化物性质(包括所涉及的理论模型)的描述:

J. B. Goodenough (1971). *Prog. Solid State Chem.* **5** 143.

在特定固体中的光电子能谱应用的文献:

J. K. Lang, Y. Baer, and P. A. Cox (1981). *J. Phys. F: Metal Phys.* **11** 121.

P. A. Cox, R. G. Egdell, J. B. Goodenough, A. Hamnett, and C. C. Naish (1983). *J. Phys. C: Solid State Phys.* **16** 6221.

关于局域电子性能的基础的配体场理论:

B. N. Figgis (1966). *Introduction to ligand fields*. John Wiley and Sons.

固体物理中关于磁性的讨论:

J. B. Goodenough (1963). *Magnetism and the chemical bond*. John Wiley and Sons.

镧系混合构型化合物的综述:

C. M. Varma (1976). *Rev. Mod. Phys.* **48** 218.

M. Campagna, G. K. Wertheim, and E. Bucher (1976). *Structure and bonding* **30** 99.

J. A. Wilson (1977). *Structure and bonding* **32** 57.

将类似的想法应用到锕系元素固体化合物中的问题:

J. R. Naegele, J. Ghijsen, and L. Manes (1985). *Structure and bonding* **59** and **60** 198.

M. S. S. Brooks (1985). *Structure and bonding* **59** and **60** 264.

金属和绝缘体的极化灾难模型:

P. P. Edwards and M. Sienko (1982). *Acc. Chem. Res.* 15, 87; *Int. Rev. Phys.* Chem. , **3** 83.

第6章 晶格畸变

能带理论的核心是研究电子在周期性势场中的行为。然而,这种研究形式似乎有些因果颠倒,因为晶体中原子的规则排列是由电子间成键引起的。尽管常规晶体结构表明成键作用力通常会产生一个周期性的晶格,但这个规律并不总是成立。5.3.3节讨论过的姜-泰勒效应有助于我们对这一问题的理解。一些电子构型会产生使晶格畸变并偏离其理想构型的力。严格来说,姜-泰勒效应只适用于局域电子,但是类似的效应也适用于能带中的电子。电子的出现有可能产生畸变,从而破坏晶格的周期性。这一效应反过来又会扰动能带结构,并可能对固体的电子性质产生重要影响。

电子导致的晶格畸变在固体化学中的"低维"固体和混合价态化合物中显得尤其重要:"低维"固体是指主要的电子间相互作用发生在一条原子链方向或一个平面内;混合价态化合物是指一个元素呈现出两种不同的氧化态的化合物。晶体周期性的破坏也会在其他的情形下出现,例如当固体中存在缺陷或者外来杂质原子时,这些效应会在第7章进行讨论。

6.1 低维固体

第4章中在引入能带理论概念时用到了一维和二维固体模型。事实上,尽管现在已知了许多具有一维电子结构的固体,但是其性质远非与理想的能带理论模型吻合的能带理论所能解释。对这类化合物的研究是一个十分活跃的领域,由化学家和物理学家共同组成的众多团队已经取得了许多重要成果。

6.1.1 周期性晶格畸变和电荷密度波

$K_2Pt(CN)_4Br_{0.3} \cdot 3H_2O$(简称 KCP)是最为典型的一维导体之一,它是部分氧化的 Pt 链状化合物。其部分结构和一些性质如图 6.1 所示。该化合物中,金属原子沿着晶体 c 轴形成链,占据态的顶端能带主要由 Pt 的 $5d_{z^2}$ 轨道沿着链堆叠组成。Br^- 的作用是使能带中平均每个 Pt 原子拥有 0.3 个空穴,否则这些空穴就会被填充(如3.4.3节所示)。在室温下,该化合物在沿着链方向有良好的金属性电导率[图 6.1(b)]。另外,该化合物还有类似于金属的反射率,且在等离子体频率

$17×10^3$ cm^{-1}(2.1 eV)时反射率急剧下降；如图6.1所示，这种反射率仅在光的偏振方向平行于 c 轴时才可以被观测到。而当光的偏振方向垂直于 c 轴时，KCP 的晶体对可见光是透明的。这种性质通常出现在那些构成能带的轨道仅在 c 轴方向发生重叠的金属中。但 KCP 不是一种真正的金属，如图6.1所示，其电导率在温度低于 150 K 时急剧下降。KCP 在低温下有带隙存在，而该带隙随着温度升高逐渐消失。对其进行的衍射研究也表现出独特的结构特性：温度低于 250 K 时，每条链

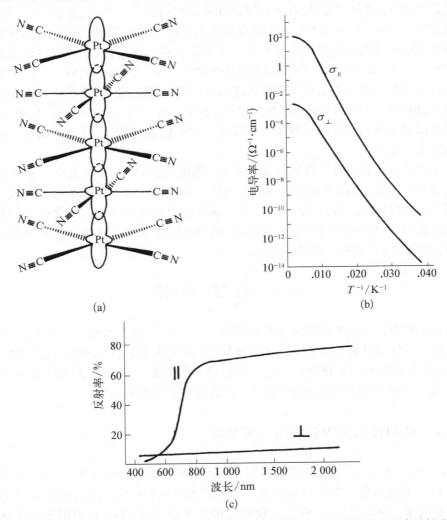

图6.1　KCP 的结构和性质。(a) d_{z^2} 轨道重叠的 Pt 链结构。(b) 平行和垂直于链方向的电导率随温度的变化关系；(c) 这两个方向的光反射率（来源于 J. S. Miller, A. J. Epstein. *Prog. Inorg. Chem.*, 1976, 20：1；H. R. Zeller, A. Beck. *J. Phys. Chem. Solids*, 1974, 35：77；H. P. Geserich et al. *Phys. Stat. Solidi* (A), 1972, 9：187）

中原子的间隔是不规律的,而是呈现一种**周期性的晶格畸变**。为了更加直观,图 6.2(a)夸大了这种晶格畸变,而事实上在 KCP 中观察到的最大畸变仅为晶格间距的 0.5%。

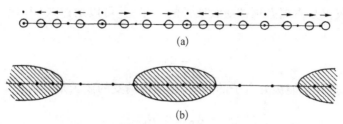

(a)

(b)

图 6.2　(a) 周期性晶格畸变,表现为对常规链间距的调整;
　　　　 (b) 电荷密度波:阴影区域显示了电子密度在成键
　　　　 作用更强的区域的构造

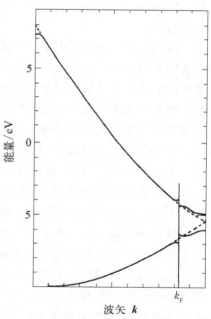

图 6.3　计算得到的 KCP 能带结构展示了占据态顶端、空能带的底部以及周期性晶格畸变产生的带隙。k_F 是低能带占据态顶端的波矢(来源于 H. R. Zeller, P. Bruesch. *Phys. Stat. Solidi* (B), 1974, **65**: 537)

KCP 中的周期性晶格畸变与其电子性质密切相关,其影响体现在图 6.3 的能带结构图中。如第 4 章所提到的,当电子波长为两个晶格间距时,电子和原子势场会发生强烈的相互作用,并在一维能带结构中产生能隙。对于通常的晶格间距 c,其合适的波长是 $2c$,对应着能带顶端的波数为 π/c。然而周期性畸变会产生周期更长的"超晶格",电子波和该超晶格的相互作用还会产生如图所示的另一个能隙。衍射研究表明 KCP 的超晶格间距是常规晶格间距的 6.6 倍,这正是在能带最高占据态产生带隙所需的值。因此 KCP 在低温下是半导体。在高温下,周期性畸变被原子的热振动破坏,能隙消失。

周期性畸变造成的另一个结果如图 6.2(b)所示。当空间中原子排布更紧密时,原子间的成键作用更强,这些区域的电子能量也更低。因此,它们倾向于在沿着链方向的间距聚集。电子密度的这种周期性构造被称为**电荷密度波**。周期性畸变产生的带隙实质上是将电子从原子排布较密集(原子间键合较强)的区域移动到原子排布较分散(原子间键合较弱)的区域所需的能量。

周期性晶格畸变和电荷密度波的出现是一维导体的特征,而 KCP 的例子正好体现了**派尔斯(Peierls)原理**,即真正的一维金属并不存在。在第4章中提到,任何周期性势场都会引起一维的带隙。如果带隙仅位于占据态顶端能级,会引起被占据轨道能量的净降低,进而导致固体总能量的减少。引起这样一个带隙所需要的超晶格周期仅仅是占据态顶端能级波长的一半,并可以通过式(4.14)和波矢关联起来:

$$\lambda = 2\pi/k$$

因此如果 k_F 是费米能级处电子的波矢,周期性畸变的波长是

$$\lambda_D = \pi/k_F \tag{6.1}$$

在其他包含金属原子链的平面四方配位化合物中也观察到了类似于 KCP 的性质。在 Ir、Ni、Pd 和 Pt 等元素中也观察到这种几何结构。由于链被配体基团良好地分隔,且三维电子相互作用非常小,因此一些金属链状化合物可以表现出完美的一维电子结构。

　　Peierls 原理并不适用于二维或者三维的情形。如第4章所示,电子和弱周期性势场的相互作用并不能产生能隙。态密度曲线会有一些畸变,但是任何电子能量的降低通常不足以克服更倾向于形成常规晶格的原子间弹性相互作用。周期性晶格畸变和电荷密度波在许多层状化合物中已经被发现,但是这仅在体系的能带结构具有特殊性质时才出现。最为著名的例子是二硫化钽(TaS_2),其效应相比于 KCP 更加显著。在低温下,TaS_2 的周期性晶格畸变包含 25 pm 的原子位移和大约每个 Ta 有一个电子的电荷位移。和 KCP 类似,位移的周期与能带的填充有关,并可以通过改变金属态电子的数目进行调控。例如,通过将部分 $Ta^{4+}(d^1)$ 替换成 $Ti^{4+}(d^0)$ 来实现这样的调控。与 KCP 不同的是,TaS_2 在产生畸变时依然是金属性的。这是因为能隙仅在电子的运动方向和畸变方向一致时才会产生。在二维中,电子可以向其他方向自由移动来避免产生能隙。

　　周期性晶格畸变经常是**无公度的**,正如在 KCP 中一样,它们并不对应于一个常规晶格间距的整数倍。TaS_2 在 350 K(起始温度)到 200 K 中是无公度畸变。然而在 200 K 以下时,其特性发生改变,即由无公度畸变变为**公度**畸变并锁定在晶格上。在一些非金属化合物中,如亚硝酸钠($NaNO_2$),存在结构的无公度调制,但它们的周期性调制并不是由电子效应引起,而是源于离子间相互作用和弹性相互作用的微妙结合。这种无公度结构尚未得到较好的解释,依然是当前的研究主题之一。

6.1.2　半填充能带

　　当常规晶体结构的能带处于半填充状态时,Peierls 畸变形式得以简化。由式

(6.1)所预测的畸变周期正好对应两个晶格间距,并使原子链方向的键长发生了交替性改变。这一情形如图 6.4 所示,由于晶格周期性翻倍引发了能带劈裂。电子密度的浓度可以被简单地认为是沿着链方向上化学键的交替,其电子被捕获在距离较近的原子对之间的成键轨道上。在这个例子中,由晶格畸变引发的能隙对应着成键轨道和反键轨道间的能量差。

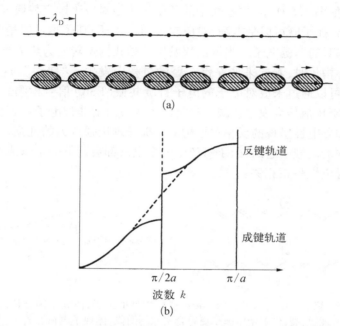

图 6.4　一个半充满能带中的 Peierls 畸变。(a) 两个晶格间距的畸变周期导致的键长交替,其中电子富集在成键更强的区域中;(b) 能带结构图,能带劈裂成成键轨道和反键轨道

　　半充满能带中的 Peierls 畸变最典型的例子是聚乙炔(CH)$_x$,即由乙炔(C$_2$H$_2$)组成的聚合物。聚乙炔的性质在近年来被广泛研究,但在一些方面依然存在争议。由 π 轨道在常规链结构中堆叠形成的最简单的能带同 4.1.2 节的一维 s 能带一样。最简单的聚乙炔模型应当含有半充满的、具有金属性的 π 带。然而 Longuet - Higgins 和 Salem 的研究表明,和自由电子模型类似,键的交替会在 LCAO 理论中引发能量的降低。由于聚乙炔的结构颇为无序,准确的表征较为困难。在 C—C 键中似乎有约 6 pm 的键长交替,这一数值远远小于常规的单键和双键之间的区别。所以,通常采用的交替单双键对其结构进行表示的方法夸大了这一效应。聚乙炔是非金属性的,其带隙约为 2 eV。这其中必须有一部分来自键的交替,但是其中也可能有电子间相互排斥的贡

献,表现出第 5 章中所描述的莫特-哈伯德类型带隙的特征。

尽管纯聚乙炔是绝缘的,其导电性可能还是随着受体掺杂(如 AsF_5)大幅提高。受体会移走电子,进而在 π 能带的底端留下一些空穴。有证据表明空穴不是完全离域的,而是被捕获在被称为**孤子**的一类异常缺陷中(孤子的概念源于数理物理学中特定非线性微分方程的解。这一概念已经被用于许多领域,如固体中的畴界和缺陷)。如图 6.5 所示,聚乙炔中的孤子简单地对应于键交替模式的断裂。从图中可以看出,孤子既可以带电荷,对应缺失的 π 电子;孤子也可以是电中性的,对应缺陷处未成对的非键电子。当聚乙炔发生从顺式构象转变为热力学上更稳定的反式构象的异构化时,看起来像在键交替的过程中发生了“错误”,这对应于一个中性孤子,它可以通过未成对电子的电子自旋共振(ESR)信号检测到。通过掺杂提高导电性,ESR 信号会发生衰减。这是因为未成对的非键电子最容易被离子化。未成对电子和导电性呈现的反相关性构成了孤子理论强有力的证据。若导电性是由能带中空穴的离域引起的,由于每产生一个空穴都会留下一个未成对电子,那么 ESR 应当和导电性呈正相关。

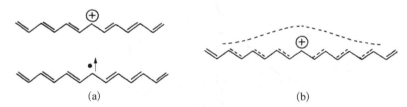

(a)　　　　　　　　　　　　　　　　(b)

图 6.5　聚乙炔中的孤子。(a)带电或电中性的孤子,体现了键交替过程中的断裂;(b)带电孤子更符合实际的图像,体现了电荷在若干原子上的扩散和键交替的渐变

更详细的计算表明带电的孤子可能不是图 6.5(a)所示的那种局域化。如图 6.5(b)所示,正电荷可能会扩散到多达 15 个原子上,这个区域中键的交替也逐渐变化。

过渡金属化合物二氧化钒(VO_2)具有与键的交替相关的非金属行为。在高于 340 K 时,该化合物具有 TiO_2 的金红石型结构并呈现金属性。尽管其结构并不是

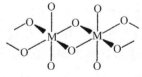

图 6.6　金红石结构 VO_2 的一部分,体现了 V 原子间沿着共边八面体链方向的相互作用

明显的低维结构,但是 V 原子在沿着平行于 c 轴的链方向排列最为密集,该方向上金属-氧八面体采取共边的方式排列(图 6.6)。V 的 3d 轨道间最重要的电子相互作用是沿着链方向产生的。VO_2 有一个电子在 V 的 3d 轨道上,这使得其在高温下有金属导电性。然而在低于 340 K 时,VO_2 变成了非金属性的,并且发生沿着链方向 V—V 键长交替变化的结构畸变。畸变引发的电子行为如图 6.7 所

示。在常规结构中,电子占据着由三个类 t_{2g} 轨道重叠构成的能带的底端。然而在畸变结构中,V 原子的结对使能带发生劈裂,其中的 d 轨道在距离较近的 V 原子对间参与成键。类似于聚乙炔,能带中每对 V 原子上仅能容纳两个电子,因此畸变结构导致了 VO_2 中的带隙。图 6.8(a)展示了 VO_2 在转变温度之上和之下的光电子能谱。在转变温度之上,可以看到对应于导带的占据态顶端能级的

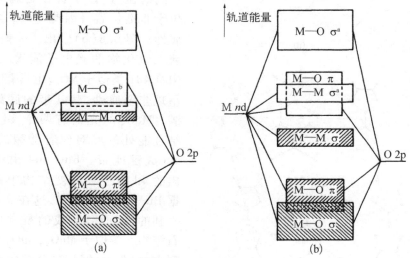

图 6.7　VO_2 的能级。(a) 温度在 350 K 以上的常规结构;(b) 低温下由键的交替引发的占据态 V—V 成键能带的劈裂

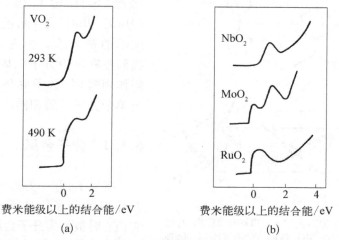

图 6.8　一些 MO_2 化合物的光电子能谱。(a) VO_2 高于和低于跃迁温度的能谱,在金属态中显示了陡峭的费米边;(b) 4d 二氧化物,注意 MoO_2 劈裂的 d 能带(来源于 N. Beatham, A. F. Orchard. *J. Electr. Spectr. Relat. Phenom.*, 1979, **26**: 77)

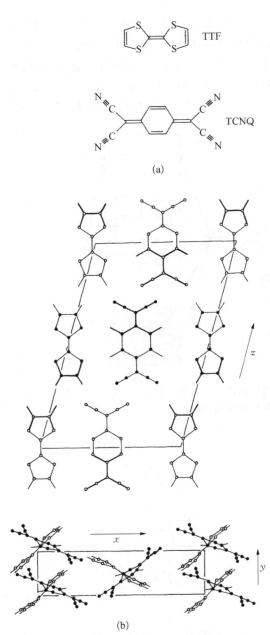

图 6.9　TFF：TCNQ。（a）TTF 和 TCQN 的结构；（b）固体 TFF：TCNQ 的结构，体现交替聚集的 TTF 和 TCNQ 分子堆叠（来源于 D. Jerome, H. J. Schulz. *Adv. Phys.*, 1982, **31**: 299）

陡峭的费米边，它在转变温度处消失。有意思的是，4d2 二氧化物 MoO$_2$ 也具有类似于 VO$_2$ 的畸变金红石结构。然而在这种化合物中，有一个额外的电子占据着 d 能带中较高的位置，该位置在金属原子中位于非键位置。因此 MoO$_2$ 呈现金属性。图 6.8（b）给出了一些 4d 金属二氧化物的光电子能谱。其中，NbO$_2$4d1 类似于 VO$_2$，也具有畸变且呈现非金属性，其 d 带的底部被填满。MoO$_2$ 的光谱有两个 4d 峰，高结合能处的峰对应着劈裂的 Mo—Mo 成键能带。RuO$_2$4d4 由于其多出的 4d 电子在畸变结构中必须占据 Ru—Ru 反键能带，这在能量上是不利的，因而其形成的是常规金红石结构。类似于 MoO$_2$，RuO$_2$ 也是金属态的，但是在光谱中无法观察到 4d 带的劈裂。相比于非金属态的氧化物（NbO$_2$ 等），金属态氧化物（MoO$_2$、RuO$_2$ 等）光谱中有可见的陡峭的费米边。在前面的几章中，我们没有讨论分子固体是因为分子间作用较弱，分子固体的电子结构与单个分子性质相同。

6.1.3　分子金属

事实上，有一类具有强分子间相互作用的分子固体具有高电导率。它们有时被称为**分子金属**。

首先被发现的分子金属称为 TTF：TCNQ，一种由四硫富瓦烯（tetrathiafulvalene，TTF）和醌二甲烷

（tetracyanoquinodimethane，TCQN）按摩尔比 1∶1 组成的固体化合物。其分子和固体的结构分别如图 6.9（a）和（b）所示。TTF∶TCNQ 固体的结构很有特点，即交替堆叠的每个单元完全由同一种分子组成。图 6.10 给出了 TTF∶TCNQ 的电导率与温度依赖关系。其最大电导率大约出现在 80 K 附近，而在低于该温度之下表现出显著增加的活化能，该情况非常类似于 KCP（图 6.1）。同 KCP 一样，TTF∶TCNQ 的能隙与堆叠单元内分子间隔的周期性畸变有关。

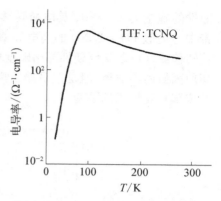

图 6.10　TTF∶TCNQ 电导率与温度的依赖关系（来源于 J. B. Torrance. *Acc. Chem. Res.*, 1979, **12**∶79）

　　TTF∶TCNQ 的性质只有假设 TTF 和 TCNQ 分子间存在某种程度上的电荷转移才能得到解释。TCNQ 是优良的电子受体，可以形成如 $K^+(TCNQ)^-$ 的离子盐。另外，电子很容易从 TTF 的占据态顶端的轨道移开，并在很大程度上体现为硫的孤对电子的特性。因此，其导电性来自两个被部分填充的能带，即 TTF 的占据轨道的顶部和 TCQN 的未占据轨道的底部。由于一条链内分子间的重叠远大于链间的重叠，其能带结构具有一维的特性，并且像 KCP 中一样具有 Peierls 畸变。如在 6.1.1 节所讨论的那样，晶格畸变的周期与能带中电子的数目有关。对 TTF∶TCQN 的结构研究表明：电荷分布对应于每个分子中有 0.69 个电子从 TTF 转移到 TCNQ。

　　目前已经发现了一些与 TTF∶TCNQ 性质类似的化合物，对其进行的系统研究表明，高导电性需要满足如下的因素：

　　（1）具有图 6.9 所示的"阴离子"和"阳离子"分离的堆垛结构。

　　（2）存在分子间的部分电荷转移（$0<q<1$）。

　　在 TTF∶TCNQ 堆垛结构中，主要的重叠发生在具有相同轨道能量的同类分子间。这种重叠在形成能带时比不同分子间的重叠更加高效。混合堆垛的化合物，即化合物中的阴离子和阳离子发生交替堆垛，倾向于在形成每个分子时发生一个电子的完全转移，这也是不利于导电的。尽管阴离子和阳离子的能带在形式上是半满的，但其带宽小于 1 eV。因此随着整数电荷转移，电子由于排斥效应会变得局域化，产生第 5 章所述的莫特-哈伯德劈裂。

　　部分电荷转移的重要性在一系列具有不同电子提供能力配体的 TCNQ 盐中得到了体现。图 6.11 展示了 1∶1 固体的导电性对电极电势的依赖关系。当施主的 E^0 大约为 +1 V 时，体系不发生电荷转移，这是因为将电子从已填充的轨道中移走十分困难。这些固体由于不具备部分占据的能带，因而是绝缘的。由于具有高还

原性的施主的 $E^0 < 0$，其电荷转移是整数倍的，电子由于排斥被局域在狭窄的能带中。类似 TTF：TCNQ 的高电导率化合物出现在 $0 < E^0 < 0.5$ 的范围内，部分电荷转移或许可以从周期性晶格畸变中被推断出来。产生这种部分离子性特征的确切原因虽尚不清晰，但是似乎涉及离子间库仑作用以及阴离子和阳离子能带之间的成键相互作用的平衡。

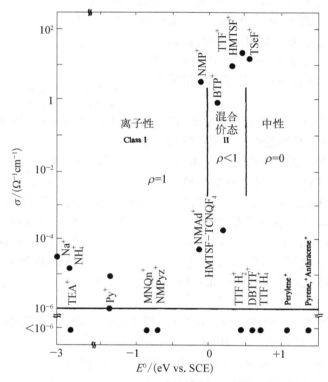

图 6.11　TCQN 盐的室温电导率对阳离子 E^0 的依赖关系（来源于 J. B. Torrance. *Acc. Chem. Res.*, 1979, **12**: 79)

另一系列的分子金属是由 TMTSF（tetramethyl-tetraselenofulvalene，四甲基四硒富瓦烯，如左图所示）盐和无机阴离子组成的。

$(TMTSF)_2^+(ClO_4)^-$ 和 $(TMTSF)_2^+(PF_6)^-$ 等化合物有毗邻的 TMTSF 分子堆叠，并以部分离子化的 $TMTSF^{0.5+}$ 的形式存在，因此它们满足了前面讨论的高导电性的标准。但是这些固体不同于 TTF：TCNQ，它们在较低的温度下电导率也不会下降，甚至在非常低的温度下还会变成超导体。这些不同点可能是来源 TMTSF 堆垛之间的有效重叠。因此其电子结构并不是一维的。相似的行为在无机聚合物(SN)$_x$

中也得到了体现,如右下图所示,具有正常价态的链结构表明每个 SN 单元上必定有一个未成对电子。因此(SN)$_x$具有部分填充的能带,体现出金属性的导电性。然而,(SN)$_x$并未表现出一维的电子行为,它像 TMTSF 盐一样在低温下表现出超导电性。同样地,由于链与链之间存在显著的相互作用,因而抑制了仅存在于纯的一维导体中的 Peierls 畸变。

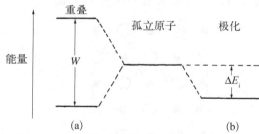

6.2　极　化　子

上述低维现象可以被表述为**集体电子**效应,这是部分填充能带(而非孤立电子)之间相互作用的结果。在离子固体中,单个电子或空穴可以产生更加局域的晶格畸变,这是由它们和相邻离子间的静电相互作用导致的。这种类型的畸变会伴随着电子在晶格中移动,被称为**极化子**。当畸变足够强时,电子或空穴可能被捕获在特定的格点处,并且只能通过热激发的**跳跃**模型在固体中传导。

6.2.1　小极化子和大极化子

下面考虑将一个电子放入固体中某个特定原子的未占据轨道中所带来的影响。相邻原子间轨道的重叠会产生能带。重叠效应进而倾向于将电子离域,其能量会降低 $W/2$(W 是总的带宽,见图 6.12)。另外,如果将电子固定在一个原子上,其电荷会极化周围的原子,这也会降低能量。之前给出式(2.2)的极化能近似公式为

$$\Delta E = - e^2/(8\pi\varepsilon_0 r)\left(1 - \frac{1}{\varepsilon_r}\right) \tag{6.2}$$

图 6.12　一个固体中的电子可以通过在一个能带中离域(a);或者极化周围的晶格(b)来降低其能量

其中,r 是轨道半径;ε_r 是固体的相对介电常数。极化能来自两方面的贡献。一方面是纯粹由电子云引发的极化,主要贡献了高频介电常数(即光介电常数)ε_{opt}。由电子极化引发的能量降低是

$$\Delta E_e = - e^2/(8\pi\varepsilon_0 r)\left(1 - \frac{1}{\varepsilon_{opt}}\right) \tag{6.3}$$

另一方面是由离子产生偏离其常规格点的位移引起的极化。静态介电常数 ε_s 包

括来自离子极化和电子极化的共同贡献。将 ε_s 代入式(6.2)中可以得出总极化能,因此离子极化的贡献就是总极化能和电子部分贡献[式(6.3)]的差,即

$$\Delta E_i = - e^2/(8\pi\varepsilon_0 r)\left(\frac{1}{\varepsilon_{opt}} - \frac{1}{\varepsilon_s}\right) \tag{6.4}$$

如果电子现在能够移入由轨道重叠构成的能带,电子极化 ΔE_e 会立即随之产生,但是由于原子作为一个整体移动相对缓慢,因而 ΔE_i 会跟不上这一过程。因此,若电子是离域的,式(6.4)中给出的极化能消失。电子要么通过局域在一个原子上来达到更低的能量,并且得到额外的极化能 ΔE_i,要么通过离域化,使能量降低 $W/2$。 如果

$$W/2 < |\Delta E_i| \tag{6.5}$$

则局域态会更加稳定,电子会被其在特定格点处产生的局域畸变捕获,这被称为是小极化子。图 6.13 展示了氧化物中金属轨道上捕获的电子以及由此形成的小极化子。类似情况也会出现在满带的空穴周围。小极化子的产生可以用简单的化学行为来解释。在固体中引入一个额外的电子或空穴时会改变固体中一个原子的氧化态。氧化态的改变会改变离子半径,从而产生能够捕获电荷的局域畸变。式(6.5)表示空穴被捕获时离子半径需满足的条件。若不满足这一条件,电子或空穴会变得离域化,所有的离子都会具有相同的分数氧化态。正如我们接下来将会看到的,这两种不同的可能性对于理解混合价态化合物的电子性质十分重要。

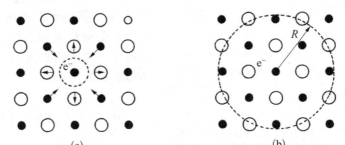

图 6.13　(a) 小极化子,显示了被一个离子捕获的电子周围产生的晶格畸变;(b) 一个半径为 R 的大极化子周围的电子分布,以金属氧化物 MO 的形式组成(●表示金属离子,○表示 O^{2-})

必须强调的是,由于上述论证是基于一个粗糙的静电图像,式(6.4)仅仅是对离子弛豫能量非常近似的估算。然而这个模型对寻找小极化子具有定性的指导意义。根据式(6.4),要得到较大的 ΔE_i 值,在固体 ε_{opt} 较小和 ε_s 较大的情况下则要求轨道半径必须很小。正如之前在 3.2.3 节讨论的,在具有明显离子性的化合物

中的这两个介电常数有着显著区别。而在一个纯共价固体中(如 Si),极化中几乎没有离子性的贡献,因而 ε_{opt} 和 ε_s 相等。但即使在离子化合物中,ΔE_i 值也很小,大约为 1 eV,因此只有较窄的能带能满足局域化的条件[式(6.5)]。例如在卤化物中,按照预测应当是比较窄的价带中的空穴产生小极化子,而非比较宽的导带中的电子。事实上,在碱金属卤化物和卤化银中的空穴确实被束缚,但它是以一种比小极化子图像更为复杂的方式被捕获。小极化子模型主要被用于过渡金属化合物,特别是 d 能带较窄的 3d 系列过渡金属化合物中。

小极化子代表电子-晶格相互作用的一种极端情况。在离子化合物中,即使没有满足完全捕获的条件,也会出现一定程度的极化。为了理解这一过程,我们可以想象导带中的一个电子局域在半径为 R 的区域,其中半径 R 可能是许多个晶格间距的长度[图 6.13(b)]。电子的局域化动能会增加,根据无限深方势阱模型,其基态结果大致为

$$E_{\text{kin}} = -\frac{h^2}{2m^* R^2} \tag{6.6}$$

该式中使用有效质量 m^* 而非自由电子质量是为了修正电子在能带中而非在自由空间中运动所引起的误差。如在第 4 章中所讨论的,窄能带中电子有效质量较大。E_{kin} 值总是正的,表明电子局域化后获得的动能对总能量减小没有任何贡献。不过,我们还需要考虑离子极化的贡献。根据式(6.4):

$$\Delta E_i = -e^2 / (8\pi\varepsilon_0 R) \left(\frac{1}{\varepsilon_{\text{opt}}} - \frac{1}{\varepsilon_s} \right) \tag{6.7}$$

这两项之和可以给出半径为 R 的局域态的总能量。通过总能量对 R 的微分可以发现,当 R 取如下值时使得到的能量最小:

$$R = 8\pi\varepsilon_0 h^2 / e^2 m^* \left(\frac{1}{\varepsilon_{\text{opt}}} - \frac{1}{\varepsilon_s} \right) \tag{6.8}$$

如前所述,式(6.8)再次表明窄能带(大的 m^*)中的电子更倾向于发生局域化,并且 ε_{opt} 和 ε_s 之间相差较大也利于局域化的发生。然而式(6.8)表明,由离子极化引起的电子局域化总是偏向于出现在离子性的化合物中。当半径 R 大于晶格间距时,其被称为**大极化子**。

上面的讨论表明在大极化子中,电子也同样应会被晶格捕获。然而这并不是正确的,更加全面的分析必须考虑极化随电子移动的具体方式。离子移动的速度由振动频率 ω_v 给出:对于静电极化效应,应当使用**光学声子频率**来描述,即带有不同电荷的离子的振动是反相的。移动极化子的详细理论较为复杂,但是其结果表

明大极化子的形成取决于 **Fröhlich 极化子耦合常数**：

$$\alpha_p = e^2/(4\pi\varepsilon_0 \hbar)(m^*/2\hbar\omega_v)^{1/2}\left(\frac{1}{\varepsilon_{opt}} - \frac{1}{\varepsilon_s}\right) \tag{6.9}$$

计算得到的导带中电子的典型 α_p 数值如下：KCl 3.7；GaAs 0.03，SrTiO$_3$ 4.5。其中，大的 α_p 值对应着强极化子的生成。可以预计的是，这会发生在离子性较强的固体中。电子移动变化会导致极化发生变化，使得其有效质量增加，电子迁移率可能会显著减少。对于大极化子，由于温度升高时将产生更多热激发的振动，因而迁移率随着温度升高而下降。这与小极化子热活化的迁移率不同，这一部分会在下节中阐述。

6.2.2　小极化子的性质

当电子或空穴被捕获在特定的晶格位点时，小极化子的形成对固体的电子性质产生重要影响。下面考虑一个电子从其被捕获的位点移动到相邻的晶格位点处的情形。首先不用考虑完整的晶格，仅从两个原子的最简单情况来考虑，即开始时一个电子位于其中一个原子上。图 6.14 展示了这一模型，该模型可以被当作一个过渡金属氧化物晶格的一小部分，其中一个电子位于导带上。如图所示，对电子的

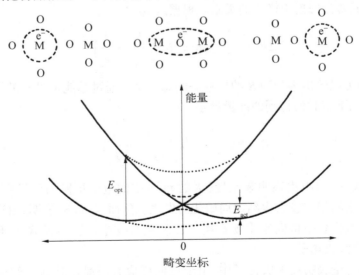

图 6.14　氧化物中一对包含一个额外电子的金属原子的位形坐标曲线。水平轴是畸变坐标，对应的原子位置如上方示意图所示。两个曲线分别对应着两个原子上的电子。------表示交叉点处的弱电子相互作用的效应；……表示强相互作用，该作用给出一个对称的离域基态

捕获和"金属-氧"键长的增加相关。如果电子向其他位点运动,畸变会跟着一起变化。图 6.14 展示了两种状态下的势能对表示畸变程度的坐标的依赖曲线。这个图像被称为**位形坐标**模型。图的中间对应着对称位形,在此处两个原子上的电子都有着相同的能量,因此曲线交叉。事实上,在这个点附近原子轨道的重叠将产生成键态和反键态组合进而产生如图所示的曲线劈裂。如果电子间相互作用足够大,对称点即为能量的最低点,此时对应于电子未被捕获时的离域态。这种二聚体中形成的两个电子轨道的简单劈裂和整个固体中的电子能带展宽属于同一种效应。正如上面所示,如果带宽足够大,电子便不会被捕获。

接下来考虑电子作用足够小的情形,这样的电子基态会位于两个原子之一。电子为了在原子间运动需要跨越一个势垒。因此电子在相邻原子间的**跳跃**需要一个活化能。电子的这种活化迁移正是小极化子捕获最典型的特征。实际上电子会有一个小概率以**隧穿**的方式通过能垒。然而,由于这种隧穿包括重离子的运动,其过程通常非常缓慢并仅仅在低温下才较为显著。

化合物 $Co_{1-x}Fe_{2+x}O_4$ 就是电子跳跃导电的典型。其化学计量比的化合物($x = 0$)可能是具有反尖晶石结构的 $Fe^{3+}[Co^{3+}Fe^{2+}]O_4$。其中 Fe^{3+} 占据氧化物晶格四面体位置,八面体位置由 Fe^{2+} 和 Co^{3+} 共同占据。当 Fe 过量时,它会取代 Co^{3+} 的位置,此时结构式变为 $Fe^{3+}[Co^{3+}_{1-x}Fe^{3+}_xFe^{2+}]O_4$。电子可能在八面体位置的 Fe^{2+} 和 Fe^{3+} 之间跳跃。另外,当化合物中 Co 过量时,Co 会替代 Fe^{2+},结构式变为 $Fe^{3+}[Co^{3+}Co^{2+}_xFe^{2+}_{1-x}]O_4$。这种情况下,电子在 Co^{2+} 和 Co^{3+} 之间跳跃。图 6.15 的测

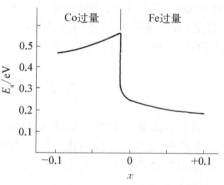

图 6.15　$Co_{1-x}Fe_{2+x}O_4$ 导电活化能随着组分的变化(引自 G. H. Jonker. *J. Phys. Chem. Solids*, 1959, **9**: 165)

试结果显示了导电活化能随着化学计量比的变化情况。可以看出电子在钴离子间跳跃的活化能(0.5 eV)远大于在铁离子之间的跳跃的活化能(0.2 eV)。此外,在溶液中也发现了与化合物相同的 M^{2+} 和 M^{3+} 间电子传输速率差异,即在铁离子间的传输速率远快于钴离子间。造成这些现象的原因是电子组态的差异。

$$Fe^{2+}: (t_{2g})^4(e_g)^2; Fe^{3+}: (t_{2g})^3(e_g)^2$$
$$Co^{2+}: (t_{2g})^5(e_g)^2; Co^{3+}: (t_{2g})^6 \text{ 低自旋}$$

Fe^{2+} 和 Fe^{3+} 之间的电子传输包括一个具有相对非键特征的 t_{2g} 电子。因此两个氧化态间键长的变化很小。从位形坐标曲线(图 6.15)中可以看出,跨越势垒的活

化能正比于位移的平方。电子在钴离子间传输时则需要产生更大的电子结构变化,涉及两个强的反键 e_g 电子,因此键长的改变也更大。

位形坐标图中两侧位置较高的曲线表示位于"错误"原子上的电子的能量。根据 Franck - Condon 原理,由于较重的原子在电子跃迁过程中来不及发生明显位移,电子在不同势能曲线间的光谱跃迁沿竖直方向进行。图 6.14 所示的跃迁对应于电子从一个原子上的捕获态激发到上述"错误"的近邻原子上的过程。我们将会看到,这种**价间跃迁**是混合价态化合物中电子被晶格畸变捕获时的典型特征。如果电子间相互作用很小(对应于图像中的实线),热活化的跃迁通过两个抛物线的交叉点进行。由于抛物线具有 $y = x^2$ 的形式,在这种情况下:

$$E_{opt} = 4E_{act} \tag{6.10}$$

在一些具有小极化子的固体中,这一关系已经得到证实。

尽管我们已经考虑了孤立的电子或空穴,但是将它们引入固体中所带来的额外电荷必须以某种方式被补偿。化学计量比的改变通常与缺陷或杂质有关。在第 7 章中我们还会看到,固体的电子性质也会受到缺陷的影响,这除了生成极化子所导致的影响,还会有额外的捕获效应。在许多非化学计量固体中,很难将对电子捕获的不同贡献区分开来。

6.3　混合价态化合物

混合价态化合物可以被定义为化合物中的相同元素有不同的氧化态,或者其形式上的氧化态是分数的化合物。在本书中,已经多次提到了混合价态,所以有必要对这类化合物进行更深入的讨论。

6.3.1　混合价态化合物的分类

混合价态化合物所表现出的各种有趣的性质源于不同氧化态原子间可能发生的电子转移。根据电子转移的难易程度,其行为会发生巨大的变化。Day 和 Robin 提出的分类方案正是以此为基础。一些混合价态化合物的分类在表 6.1 给出。

表 6.1　一些混合价态化合物的分类

分　类	化　合　物	氧　化　态
第 I 类	KCr_3O_8	$Cr(III, VI)$
	$GaCl_2$	$Ga(I, III)$
第 II 类	Eu_3S_4	$Eu(II, III)$
	$Fe_4[Fe(CN)_6]_3 \cdot xH_2O$	$Fe(II, III)$

（续表）

分　类	化　合　物	氧　化　态
第Ⅱ类	$Na_xWO_3(x<0.3)$	W(Ⅴ,Ⅵ)
	$[(C_2H_5NH_2)_4PtCl](ClO_4)_2$	Pt(Ⅱ,Ⅳ)
	$CsAuCl_3$	Au(Ⅰ,Ⅲ)
	Cs_2SbCl_6	Sb(Ⅲ,Ⅴ)
第Ⅲ类 A	$Nb_6Cl_{14}\cdot 8H_2O$	Nb(2.33)
第Ⅲ类 B	$Na_xWO_3(0.3<x<0.9)$	W(6−x)
	Ag_2F	Ag(0.5)
	$La_{1-x}Sr_xMnO_3$	Mn(3+x)
	$K_2Pt(CN)_4Br_{0.3}3H_2O$	Pt(2.3)
	$Hg_{2.67}AsF_6$	Hg(0.37)

　　第Ⅰ类：这一类化合物中不同的氧化态与其所处的化学环境不同有关。在两个氧化态间传输电子需要很大的能量。因此在不同氧化态之间几乎没有相互作用,该混合价态与化合物中的特殊性质无关。

　　第Ⅱ类：这些化合物的不同氧化态也对应着不同的化学环境,但是其晶格位置非常相似,以至于电子转移仅需要很小的能量。这些化合物是半导体,并且存在着6.2节所介绍的那种价间跃迁引起的光学吸收。图6.16所示的即为Pt和Fe的第Ⅱ类化合物在光谱中出现的价间跃迁谱带。

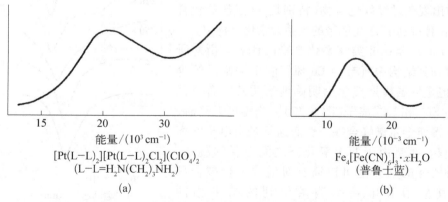

图 6.16　第二类混合价态化合物的电子光谱,展示了价间跃迁谱带(来源于 R. J. H. Clark. In. *Mixed-valence compounds*. D. B. Brown (ed.). D. Reidel, 1980; M. B. Robin. *Inorg. Chem.*, 1962, **1**: 337)

　　第Ⅲ类：这些化合物中所有原子都具有相同的分数氧化态且电子在其中离域。这一类化合物又可以分为两小类：在ⅢA类中,电子的离域仅发生在一个有限的团簇内;ⅢB 类中电子在整个固体中离域,从而化合物具有金属导电性。

　　这里,我们可能会有个疑问:为什么一个给定的化合物会归入第Ⅱ类而非第Ⅲ类? 也就是说:是什么导致了第Ⅱ类化合物中的价态捕获? 有时,一些明显的结构特性会使得不同的氧化态在特定位点处更加稳定。例如普鲁士蓝($Fe_4[Fe(CN)_6]_3 \cdot xH_2O$)中, Fe^{2+} 和 CN^- 的 C 端配位, Fe^{3+} 和 CN^- 的 N 端配位。在 x 值较小的钠钨青铜 Na_xWO_3 中,由 Na 引入的额外电子可能被捕获在晶格中 Na^+ 位点附近,该位点处有一个有利的静电势场;随着 x 增加,这些化合物开始出现第Ⅲ类化合物的离域行为,类似于发生在浓的碱金属-氨溶液中的情况。或者,钠钨青铜可以被描述为掺杂半导体,具体情况将在第 7 章进行讨论。然而在许多第Ⅱ类化合物中,被不同氧化态占据的晶格位点仅在发生价态捕获时才变得可区分。局域化一定是由小极化子类型的晶格畸变所导致的。

6.3.2　相差为 1 的氧化态

　　当被捕获的氧化态相差一个单位时,我们可以认为固体中有额外的电子或空穴。它们具有 6.2 节讨论过的小极化子捕获类型。这种捕获的主要驱动力是不同氧化态间离子半径的差异,这种差异会导致局部的晶格畸变。然而在我们看来,捕获能量并不大,局域化仅在窄能带中发生。这种窄能带经常出现在过渡族化合物(特别是 3d 过渡族化合物)和有特别窄的 4f 能带的镧系元素化合物中。

　　Eu_3S_4 是第Ⅱ类镧系化合物的代表。衍射研究得到其结构中所有的 Eu 原子看上去都是等价的,但是低温穆斯堡尔谱明确地表明其中有可区分的 Eu^{2+} 和 Eu^{3+} 离子(图 6.17)。当温度升高时,两个穆斯堡尔谱峰合并。然而这不是由电子的离域引起,而是由于两个氧化态之间电子的跳跃。这种跳跃的活化能可以通过对谱线进行拟合得到,其数值和电导率测量得到的结果相同(0.24 eV)。正是这个电子转移的活化能体现了其作为第Ⅱ类化合物的行为。

　　过渡金属化合物的 3d 能带不像 4f 能带那么窄,这就常常导致介于第Ⅱ类和第Ⅲ类化合物之间的行为。这类化合物的典型例子是 Fe_3O_4 ,其中

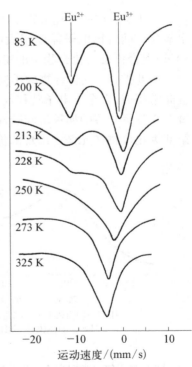

图 6.17　Eu_3S_4 在不同温度下的穆斯堡尔谱,显示出明显的 Eu^{2+} 和 Eu^{3+} 峰,以及由于电子跳跃引起的峰的合并(来源于 O. Berkooz et al. *Solid State Commun.*, 1968, **6**: 185)

Fe^{2+} 和 Fe^{3+} 都出现在反尖晶石结构中的八面体位置,结构式为 $Fe^{3+}[Fe^{2+}Fe^{3+}]O_4$。其电导率随着温度的变化如图 6.18 所示。在室温下,其电导率处在金属的范围,尽管其导电性随温度升高而缓慢增加的行为并不像金属。其中,电子并不是处在自由状态的,其迁移率仍由晶格畸变效应控制。在 120 K 时,出现 **Verwey 转变**,电导率下降,在低温下具有明显的活化能。尽管其具体结构十分复杂,可以确定的是该转变和晶格的协同畸变相关,该晶格畸变通过形成可区分的 Fe^{2+}—O 和 Fe^{3+}—O 键长来保持价态。

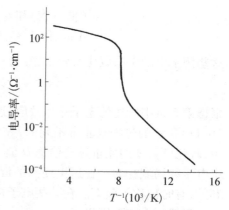

图 6.18　Fe_3O_4 电导率随温度的变化关系(来源于 J. B. Goodenough. In *Mixed-valence compounds*. D. B. Brown (ed.). D. Reidel, 1980)

Mn_3O_4 和 Co_3O_4 表现出与 Fe_3O_4 颇为不同的行为。Mn 和 Co 化合物通常表现为尖晶石结构,其中 M^{3+} 离子占据八面体位置,M^{2+} 占据四面体位置。不同位置上不同氧化态之间的电子转移比 Fe_3O_4 困难得多,因此其电导率远不如 Fe_3O_4。

镧锶锰氧系列即 $La_{1-x}Sr_xMnO_3$ 中混合价态对电子性质的影响已经得到了清晰的阐述。该系列两端($x=0$ 和 $x=1$)都是非金属性的,其电子由于相互排斥被局域。$LaMnO_3$ 具有高自旋构型 3d4 的 Mn^{3+} 离子,显示出与 5.3.3 节中 Rb_2CrCl_4 类似的协同姜-泰勒畸变。当 La 被 Sr 取代时,两种离子间的电荷差异通过将 Mn^{3+} 氧化到 Mn^{4+} 得到补偿。当存在多于 10% 的 Mn^{4+} 时,化合物呈现出金属态,表现出第 Ⅲ 类化合物具有的混合价态行为。与此同时,姜-泰勒畸变由于 e_g 电子的离域而消失。另外,尽管 $LaMnO_3$ 和 $SrMnO_3$ 自身是反铁磁性的,其处于金属态的混合价态相却是铁磁性的,这主要是源自 5.3.4 节所描述的双交换机理:若相邻离子间自旋平行排列,在 Mn^{3+} 和 Mn^{4+} 间的电子转移更易于发生[图 5.18(c)]。

6.3.3　相差为 2 的氧化态

许多这一类的化合物中的原子乍看貌似具有整数的氧化态,如 $CsAuCl_3$ 和 Cs_2SbCl_6。然而这些固体的结构和电子性质清晰地表明,它们是第 Ⅱ 类混合价态化合物,其中 Au 是 Ⅰ、Ⅲ 价的混合价态,Sb 是 Ⅲ、Ⅴ 价的混合价态。这一类化合物的氧化态通常对应于溶液中已知的稳定态和相关元素的复杂化学。因此,氧化态相差 2 的混合价态化合物通常包括具有如下电子构型的特定离子:

d^6 和 d^8,都是低自旋构型,如 Pt(Ⅳ) 和 Pt(Ⅱ)

$$d^8(低自旋)和 d^{10},如 Au(Ⅲ)和 Au(Ⅰ)$$
$$d^{10}s^0 和 d^{10}s^2,如 Sb(Ⅴ)和 Sb(Ⅲ)。$$

这些例子中的中间氧化态较不稳定,并发生如下的歧化过程:

$$2M^{n+} \longrightarrow M^{(n+1)+} + M^{(n-1)+} \tag{6.11}$$

根据第 5 章中所述的电子排斥效应,这种歧化作用很出乎意料。在气相离子中,式(6.11)所示的过程是非常不利的,并且通常需要至少 10 eV 的能量输入。在固体中,歧化所需要的能量是哈伯德 U 值,该值通常决定着许多过渡金属和镧系化合物中电子的局域行为。在这里提到的混合价态化合物中,这个过程必须是能量上有利的,有时被称为**负 U**。在某些电子构型中普遍存在的负 U 值尚未被完全理解,但是它可能包含如下因素:

(1)两个氧化态可能在键长和配位几何构型上存在很大的差异,以至于用来局域电子的弛豫能量特别大。

(2)相关的原子轨道相对弥散,以至于即使在气相中 U 值都不是特别大。这或许可以解释一些现象,例如为什么歧化通常发生在第二或第三过渡族的元素而非第一过渡族的元素。

(3)这些化合物都有着相当大程度的共价特性,这使得电子从它们的原子轨道中分散开来并减小了相互间的排斥作用。

下面将从上述的各种电子构型出发对一些例子进行说明。

情况 1:$d^6 - d^8$。最典型的例子是由卤素原子桥接的 Pt 链化合物。图 6.19 展示了 Wolfram 红盐的结构 $[Pt^Ⅱ(et)_4][Pt^Ⅳ(et)_4Cl_2]Cl_4$(et 为乙胺,$CH_3CH_2 ·$

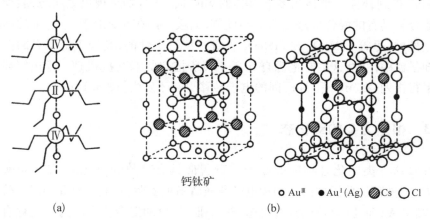

钙钛矿

○ Au^Ⅲ　● Au^Ⅰ(Ag)　◐ Cs　○ Cl

　　(a)　　　　　　　　　　　　　　(b)

图 6.19　(a)Wolfram 红盐的 Pt 链结构 $[(C_2H_5NH_2)_4Pt][(C_2H_5NH_2)_4PtCl_2]Cl_4$
(b)Wells' 盐 $Cs_2Au^ⅠAu^ⅢCl_6$ 的结构,表明其源自钙钛矿晶格(来源于 R. J. H. Clark. In *Mixed-valence compounds*. D. B. Brown (ed.). D. Reidel, 1980; A. F. Wells. *Structural inorganic chemistry*. fifth ed. Oxford University Press, 1985)

NH_2)。Cl 原子以距离相差 30 pm 的方式将两类 Pt 原子桥接起来,使得 Pt 以八面体配位的 Pt(Ⅳ)和平面四方配位的 Pt(Ⅱ)交替出现,它们分别是具有低自旋电子构型 d^6 和 d^8 的离子的最有利配位方式。有趣的是,在假想的对称情形中,Pt(Ⅲ)间距相等,会形成具有半满能带的一维金属。因此伴随着歧化过程的键长交替可以被视作本章一开始时讨论的 Peierls 畸变。

　　混合价态 Pt 链状化合物(如 Wolfram 红盐)表现出的颜色来自其价间跃迁谱带。图 6.16 展示的是一个类似化合物的吸收谱,其中所有的价间谱带都比较宽,这是由伴随着电子转移的平衡态构型的改变导致的。根据 Franck – Condon 原理,激发态构型的改变反映在电子跃迁中激发的振动模式上。我们可以预料一个电子从 Pt(Ⅱ)到 Pt(Ⅳ)上的转移会使 Cl 桥的位置发生了移动,进而激发 Pt—Cl 键的伸缩振动。尽管振动级数无法通过吸收光谱解出,但它们可以在共振拉曼光谱中观察到。通常的拉曼光谱中,光激发线被选在无吸收发生的波长处。然而,如果选用电子吸收带范围内的光进行拉曼光谱测试,共振效应便会发生,并极大地增强振动谱带。被增强的模式正好是与电子激发态构型变化相关的模式。图 6.20 展示了价间谱带激发的 Pt(Ⅱ、Ⅳ)链状化合物的共振拉曼光谱。扩展的振动级数被认为是 Pt—Cl 的伸缩频率,并说明正是这个键长在电子跃迁过程中变化最大。

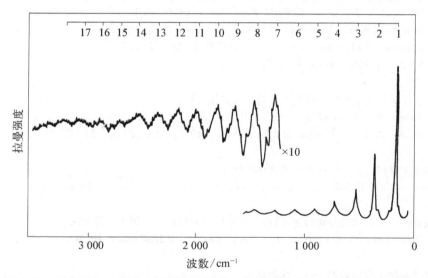

图 6.20　混合价态 Pt 链化合物的共振拉曼光谱,图中显示了 Pt—Cl 键长伸缩振动的扩展级数(来源于 R. J. H. Clark. In *Mixed-valence compounds*. D. B. Brown (ed.). D. Reidel, 1980)

　　情况 2:$d^8 - d^{10}$。这一类型的例子有 $Ag^Ⅰ Ag^Ⅲ O_2$ 和 Wells' 盐 $Cs_2 Au^Ⅰ Au^Ⅲ Cl_6$。两种化合物都表现了对 d^8 离子更有利的平面四方构型和一个 d^{10} 离子常见的线形两配位的构型。Wells' 盐的结构[图 6.19(b)]显示了这种配位形式是如何从畸变的钙钛矿结构中衍生而来的,所以 Au(Ⅲ)被四个近邻的 Cl 和两个更远的 Cl 包围着,Au(Ⅰ)的情况恰恰相反。这个化合物和 Ag_2O_2 都是黑色的并且表现出半导体性,表明价间电子转移需要的能量较低。

情况 3:$s^0 - s^2$。这些组态经常出现在后过渡金属中,如 Pb(Ⅱ,Ⅳ)和 Sb(Ⅲ,Ⅴ)。其中,一个例子是 Cs_2SbCl_6。这个化合物实际上包括可区分的 $(Sb^{Ⅲ}Cl_6)^{3-}$ 和 $(Sb^{Ⅴ}Cl_6)^-$ 两种离子,不同的离子中 Sb—Cl 键长相差 30 pm。同样的离子在有 Sn 掺杂的四价锡化合物 Cs_2SnCl_6 中也被发现。当 Sb(Ⅲ)和 Sb(Ⅴ)位于晶格中的相邻位点时,电子可以在它们之间转移。在低掺杂量时,这种相邻离子对的数量和 Sb 浓度的平方成正比。研究发现电导率和价间谱带的吸收强度都遵守这一定律。有意思的是,当 SnO_2 中掺入较低浓度的 Sb 时表现出非常不同的行为。不仅没有表现出歧化特征,反而每个 Sb 原子都将贡献出额外的价电子到固体的导带,从而使 Sb 掺杂的 SnO_2 表现为金属性。

拓展阅读

以下文献综述了不同的具有一维电子结构的固体:

J. S. Miller and A. J. Epstein (1976). *Prog. Inorg. Chem.* **20** 1.

A. J. Heeger and A. G. MacDiarmid (1980). *Mol. Cryst. Liq. Cryst.* **74** 1.

J. M. Williams (1983). *Adv. Inorg. Chem. and Radiochem.* **26** 235.

J. M. Williams (1985). *Prog. Inorg. Chem.* **33** 183.

以下文献介绍了具有二维电子性质的层状化合物:

A. D. Yoffe (1976). *Chem. Soc. Rev.* **5** 51.

J. A. Wilson, F. J. D. DiSalvo, and S. Mahajan (1975). *Adv. Phys.*, **24** 117.

以下文献讨论了产生极化子的固体的性质:

D. Adler (1967). In *Solid state chemistry* (ed. N. B. Hannay), Vol. 2. Plenum Press.

混合价态化合物的经典综述,给出了本章所述的被广泛使用的分类方法:

M. B. Robin and P. Day (1967). *Adv. Inorg. Chem. and Radiochem.* **10** 247.

以下是这个领域近期一些工作的综述:

D. B. Brown (ed.) (1980). *Mixed-valence compounds*. D. Reidel.

P. Day (1981). *Int. Rev. Phys. Chem.* **1** 149.

C. Gleitzer and J. B. Goodenough (1985). *Structure and Bonding* **61** 1.

第7章 缺陷、杂质和表面

即使最"完美"的晶体,都包含一定的缺陷、杂质以及表面。这些都会破坏晶格的周期性,从而对固体的电子结构产生一定的影响。事实上,大多数固体材料的电学和光学性质都受到上述因素的影响。例如,半导体在固态器件中的应用与掺入的杂质能级有密切的关系,即**掺杂决定了半导体的电学特性**。相较于简单的固体材料,我们更关注缺陷和表面的化学性质。本章将着重讨论缺陷、杂质及表面在各种不同类型固体中的电子行为。

7.1 缺陷的结构和电子分类

7.1.1 晶体缺陷的类型

本章的前半部分主要讨论**点缺陷**。**点缺陷**涉及单个或少数几个晶格位点的扰动,其中最简单的例子是**晶格空位**和**间隙原子**[图 7.1(a)和(b)]。杂质原子可以替代原来晶格位点上的原子,也可以占据晶格中的间隙位置。在离子固体中,由于引入了不同类型的离子导致原有的平衡状态被打破,因此缺陷通常是带电的。缺陷所带的电荷很大程度上决定着固体的电子性质。在晶体体相中很难出现带电缺陷电荷的大量积累,因为这样会导致非常高的静电势。因此,只有电荷能被其他类型的缺陷电荷补偿时,才能存在大量的带电缺陷。离子晶体中最简单的缺陷组合如图 7.1(c)和(d)所示:**肖特基缺陷**由一对阴离子空位和阳离子空位组成,保持

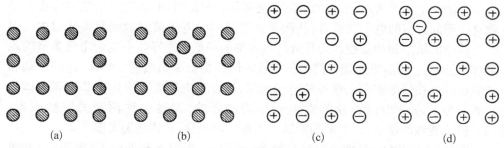

图 7.1 简单点缺陷。(a) 晶格空位;(b) 间隙原子;(c) 肖特基缺陷,由一对阳离子和阴离子空位组成;(d) 弗仑克尔缺陷,空位电荷通过相同电荷类型的填隙原子来平衡

着整体的电中性；而在**弗仑克尔缺陷**中，固体的电中性由一组相同电荷类型的空位和填隙离子维持。与肖特基缺陷不同，弗仑克尔缺陷可能主要局限于一种离子。例如，卤化银在室温下容易形成大量的阳离子（Ag^+）弗仑克尔缺陷，但阴离子缺陷非常少。类似的电荷平衡的要求也适用于杂质。当一个离子被另一个不同电荷的离子取代时，可以通过在主晶格中形成适当的空位或填隙原子进行电荷补偿。例如，用 Ca^{2+} 或 Y^{3+} 取代氧化锆（ZrO_2）中的 Zr^{4+} 就会出现补偿型氧空位。

另一种补偿缺陷电荷的方式是借助于固体中额外的电子或空穴，这种情况在半导体中很常见。例如，在硅晶格中掺杂少量的磷原子以取代硅原子时，磷的第五个价电子极易挣脱原子核的束缚，从而进入附近导带进行电荷补偿。当掺杂 SnO_2 中部分锡被锑取代时，也会发生类似的情况。另一个例子是碱卤化物中的 F，其阴离子空位可以捕获电子以保持电中性。额外电子和空穴的产生通常与某种离子的氧化态的变化有关，因此，这种电荷补偿方式也常出现在具有多种氧化态的过渡金属化合物中。以过渡金属氧化物为例，氧空位留下的额外电子可以进入 d 带从而降低金属的氧化态，而金属空位则通过升高剩余金属离子的氧化态来进行补偿，并在 d 带中引入空穴。有关点缺陷的电子性质将在后面的章节中进行详细讨论。

除点缺陷外，固体中还存在**扩展缺陷**，根据其几何形态可以分为**线缺陷**和**面缺陷**。**位错**是线缺陷最常见的表现形式，与晶格中一列或几列原子有规律的错排有关。某些部分还原的氧化物，如 WO_{3-x} 中产生的**剪切面**属于面缺陷。还原条件下产生的氧空位不会形成点缺陷，而是聚集在一个晶格平面内使金属原子排列更为紧密。多晶陶瓷中微晶之间的**晶界**同样属于面缺陷，而实际上最常见的面缺陷是**晶体表面**。我们一般把块状晶体的平面终端看成一个理想表面，而实际上，由于它们本身就存在一些点缺陷和杂质，真实的晶体表面往往是非常粗糙的。

7.1.2 缺陷的电子性质

正如 4.1.6 节所示，所有的缺陷都会破坏理想晶格的周期性，缺陷的存在会导致具有不同 k 值的电子波混合，从而使穿过晶体的电子被散射到其他轨道中。因此金属中的缺陷和杂质往往会导致其电导率的降低。半导体中也会出现类似的现象，这是因为：热激发到能带的电子或空穴同样会被缺陷散射。然而，这些缺陷和杂质也可以在带隙中引入额外的电子能级，这在很大程度上决定了非金属固体的性质。为了进一步讨论缺陷对电子结构的影响，需要关注两个关键性因素：（1）缺陷能级的能量；（2）缺陷能级上占据的电子数，具体情况见图 7.2。

图 7.2（a）和（b）分别为缺陷在导带（或价带）中引入额外电子（或空穴）的情况，此时固体将具有金属性质[如锑掺杂的 SnO_2 或 Na_xWO_3（$x>0.3$）]。图 7.2（c）

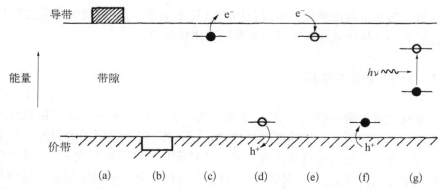

图 7.2　非金属固体中缺陷的各种电子行为。(a,b) 导带或价带中引入额外电子或空穴,(c,d) 热激发下提供自由电子或空穴的缺陷能级,(e,f) 作为电子或空穴陷阱的缺陷能级,(g) 光子能量低于带隙宽度时产生光吸收的能级

和(d) 对应于更普遍的情况,即半导体轻掺杂,如在硅中掺入百万分之一的磷或铝,低缺陷浓度下的电子或空穴被束缚在靠近带边位置的能级上。这些缺陷不仅增加了载流子浓度从而增强了导电性,同时也改变了固体中费米能级的位置,这两种效应共同决定了掺杂半导体的性质。

图 7.2(e) 显示了导带底下方的缺陷能级在基态下为空的情况,此时它不会引入额外的电子或改变费米能级。但此类能级可以充当捕获光生电子的陷阱,而被捕获的电子可以作为一些化学过程的反应中心,如发光、摄影显影(见 7.5.3 节)。图 7.2(f) 在价带顶上方的占据能级形成了类似的空穴陷阱。

当缺陷能级远离带边位置时,如图 7.2(g) 所示,常温下不能通过热激发产生自由载流子。例如碱卤化物中的色心,由于具有低的激发态,能够在远低于理想晶体带隙的能量下吸收光子。而像过渡金属离子一类的杂质,其局域化的 d 电子本身就具有光吸收谱,也能引起类似的光学性质。

接下来的几节主要讨论的是点缺陷,而扩展缺陷同样会对固体的电子性质产生重要影响。例如,半导体中的位错能够增大电阻,并可以作为电子和空穴的复合中心。被还原的氧化物中的剪切面形成了电子陷阱,因此其金属原子通常具有较低的氧化态。然而,目前对于扩展缺陷电子结构的认识远不如点缺陷清晰。近年来已对固体表面的电子性质进行了深入研究,其中一些结果将在最后一节中讨论。非金属固体表面,特别是涉及缺陷或有吸附物种存在时,也可以表现出如图 7.2 中的电子行为。

7.2　掺杂半导体

从化学角度来看,硅和锗这类共价半导体属于相当简单的固体,但这些材料中的杂质行为却非常值得研究。不仅仅因为其技术重要性,更重要的是其主要原理能够拓展到如半导体氧化物等更为复杂的固体材料中。

7.2.1　施主和受主能级

当 V 族元素如磷被掺入硅中时,磷将作为一种取代缺陷进入硅晶格取代四面体键合中的一个硅原子。硅的价带被成键电子占据,因此磷原子的额外电子可以进入导带。由于磷的核电荷数比硅大 1,四面体配位的磷可以写成 P^+,导带中的电子将被这个正电荷吸引,并像氢原子中的电子一样,在基态轨道中运动。这种情况被称为**施主态**,如图 7.2(c)所示,其电子被束缚在稍低于导带底的能级上。

通过类比氢原子,可以粗略估算出施主态的能量,但需要对一般能量方程进行三个重要的修正:

(1)能量零点对应于远离杂质能级的导带中电子的能量,而非自由空间中电子的能量,因此计算值应低于导带底能量 E_c。

(2)电子和杂质之间的吸引势会随主体材料相对介电常数 ε_r 的增大而减小,即

$$V(r) = - e^2 / (4\pi\varepsilon_0\varepsilon_r r) \tag{7.1}$$

(3)由于电子在硅的导带而非自由空间中运动,其动能会发生改变。考虑到能带结构的影响,在能量方程中引入有效质量 m^* 以代替自由电子质量 m,自由电子方程动能 T 修正为

$$T = p^2 / 2m^* \tag{7.2}$$

由于硅的介电常数较高($\varepsilon_r = 12$),且导带底部电子的有效质量较小($m^* = 0.2m$),硅半导体的性质主要由后两个因素决定,类氢能级的方程修正为

$$E_n = - e^4 m^* / (32\pi^2\varepsilon_0^2\varepsilon_r^2 \hbar^2 n^2) \tag{7.3}$$

$n = 1$ 对应于基态能量。式(7.3)给出了**施主电离能** E_d,即将电子激发到导带所需的能量。硅的施主电离能计算值为 0.031 eV,接近某些 V 族施主杂质电离能的实验值: P 0.045 eV, As 0.054 eV, Sb 0.047 eV。

实际上,类氢模型并不能很好地代表杂质原子附近的真实势场,其计算结果也并非完全准确,但该模型采用了大的施主轨道半径,可以用来进行定性分析。基态 1s 轨道的玻尔半径公式为

$$a_H = 4\pi\varepsilon_0\varepsilon_r \hbar^2 / (e^2 m^*) \tag{7.4}$$

硅的基态 1s 轨道的玻尔半径约为 1 nm,由于电子可以在多个晶格间距范围内运

动,我们可以近似地忽略原子结构的细节,将晶格视为一种连续介质。

　　硅也可以被Ⅲ族原子(如铝)取代,此时缺少一个价电子,可以得到一个未填充的能级,即在价带上留下一个空穴。四面体配位的铝表现为 Al^-,由于其核电荷数比硅少 1,而形成了一个空穴束缚态,即位于价带上方的受主能级(如果以这种方式难以理解空穴的物理意义,则可认为价带中的剩余电子受到了 Al^- 的排斥作用。因此,处于基态时,能带中的未填充轨道将接近杂质能级)。类氢能级计算同样给出了受主电离能,即将空穴电离到价带中所需的能量[见图 7.2(d),也可看作将电子从价带远端激发到缺陷能级附近所需的能量,这种激发在价带中留下了一个可用于传导电流的空穴]。硅的受主电离能计算值为 0.044 eV,比施主电离能要大,这是因为价带中的空穴具有更大的有效质量。该计算结果与实验值基本吻合(B 0.045 eV,Al 0.068 eV,Ga 0.071 eV)。

　　杂质电离能的大小直接影响硅的电子性质,从式(7.3)中可以看出,足够低的杂质电离能需要满足:

　　(1)窄带隙导致的大介电常数 ε_r (见 3.2.3 节)。

　　(2)宽能带导致的低有效质量 m^*。

　　上述特性是窄带隙半导体独有的,如硅、锗和许多低离子性化合物(如 GaAs 和 PbTe 等)。对于更多的离子化合物而言,它们通常具有小的介电常数,且能带较窄,因而具有大的有效质量。这些化合物中的杂质能级远离带边位置,电子和空穴不容易被电离。同时,缺陷能级的类氢模型只适用于电子轨道半径较大的情况,从式(7.4)可以看出,这与降低电离能的影响因素完全一致。然而,离子晶体中的 F 心等缺陷具有更局域化的轨道,对于计算它们的能量,类氢模型就不再适用。

7.2.2　载流子浓度和费米能级

　　掺杂半导体的电子特性由载流子(电子和空穴)浓度和费米能级的位置决定,如 1.4.3 节所示,在纯固体中,费米能级近似位于带隙的正中间:

$$E_F = (E_v + E_c)/2 \tag{7.5}$$

在给定温度下,电子(n)和空穴(p)的数量为

$$n = p \propto \exp(-E_g/2kT) \tag{7.6}$$

式中,E_v 和 E_c 分别是价带顶和导带底的能量,E_g 是它们之间的禁带宽度(图 7.3)。

　　存在等量电子和空穴的固体被称为**本征半导体**,其性质只由材料本身决定。而在掺杂半导体中,通常由一种类型的载流子占主导地位:**n 型**半导体的额外电子由施主能级提供,**p 型**半导体的额外空穴则由受主能级提供。载流子浓度和费米

能级的具体计算过程非常复杂,但可以在某些特定条件下进行化简。假设有一个低浓度掺杂的 n 型半导体,即其施主浓度(n_d)远小于导带态密度(N_c)。其载流子浓度和费米能级的结果如图 7.3 所示。

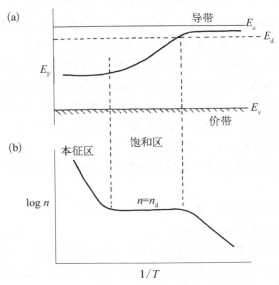

图 7.3　n 型半导体中费米能级的变化(a)及载
流子浓度的对数随温度的变化关系(b)

在非常低的温度下,大多数电子都处于基态施主轨道,只有极少数电子位于导带中。费米能级的位置类似于本征半导体中的情况(见 1.4.3 节),位于施主能级(E_d)和导带底(E_c)正中间:

$$E_F = (E_d + E_c)/2 \tag{7.7}$$

导带中的载流子浓度:

$$n \propto \exp\left[-(E_c - E_d)/2kT\right] \tag{7.8}$$

随着温度的升高,载流子浓度 n 增加,施主能级被逐渐耗尽。当几乎所有的电子都被电离到导带中时,n 最终会达到一个稳定值:

$$n = n_d \tag{7.9}$$

这被称为**饱和**或**耗尽状态**,此时升高温度将不再增加载流子浓度。V 族杂质掺杂的硅和锗在室温下处于饱和状态:尽管施主电离能仍然远大于 kT,但由于施主浓度 n_d 较低,导带被电子占据的概率 n_d/N_c 很小。饱和状态下的费米能级可以通过将导带被电子占据的概率代入费米-狄拉克分布函数中来计算:

$$n_{\mathrm{d}}/N_{\mathrm{c}} = 1/\{1 + \exp[(E_{\mathrm{c}} - E_{\mathrm{F}})/kT]\} \tag{7.10}$$

由于指数项远大于 1 时,上式可以近似为

$$n_{\mathrm{d}}/N_{\mathrm{c}} = \exp[-(E_{\mathrm{c}} - E_{\mathrm{F}})/kT]$$

此时

$$E_{\mathrm{F}} = E_{\mathrm{c}} - kT\ln(N_{\mathrm{c}}/n_{\mathrm{d}}) \tag{7.11}$$

式(7.11)表明,在饱和状态下,即使载流子浓度为常数,随着温度的升高,费米能级也会逐渐下降。直至费米能级接近带隙的中间位置时,电子开始从价带激发到导带。最终在足够高的温度下,这些电子的数量将超过由施主能级激发的电子而成为主导。此时可以忽略掺杂的影响,半导体接近于**本征状态**,其电子和空穴的数量近似相等,具体数值由式(7.6)给出。

对于 p 型半导体,空穴浓度 p 的变化规律遵循相同的模式。低温下的费米能级位于价带顶和受主能级正中间:

$$E_{\mathrm{F}} = (E_{\mathrm{v}} + E_{\mathrm{a}})/2 \tag{7.12}$$

并且在饱和状态下费米能级由受主浓度 n_{a} 和价带态密度 N_{v} 决定:

$$E_{\mathrm{F}} = E_{\mathrm{v}} + kT\ln(N_{\mathrm{v}}/n_{\mathrm{a}}) \tag{7.13}$$

因此,费米能级随着温度的升高而上移,并在本征状态时达到带隙的中间位置。

除非半导体的带隙非常小,或者杂质浓度非常低,否则只能在高温下才能达到本征状态。在正常条件下,费米能级处于缺陷能级附近,即接近 n 型半导体的导带底,或接近 p 型半导体的价带顶。缺陷能级的这种性质被称为费米能级的**钉扎效应**,常见于非金属固体的缺陷和表面能级中。掺杂半导体费米能级的位置对其应用至关重要,将在 7.2.4 节中详细阐述。

7.2.3　电子特性

导电性是电子载流子赋予的最重要的性质,电导率的一般公式为

$$\sigma = n\mu_{\mathrm{e}}e + p\mu_{\mathrm{h}}e \tag{7.14}$$

其中,n 和 p 分别表示电子和空穴的浓度;μ_{e} 和 μ_{h} 分别为电子和空穴的迁移率(定义参见 4.1.6 节)。掺杂半导体的电导率随温度的变化关系与载流子浓度随温度的变化趋势大致相同(图 7.3)。不同的是,由于热振动引起的散射,载流子迁移率会随温度的上升而缓慢下降。因此,在饱和状态下,载流子浓度保持恒定,电导率随着温度的升高反而会下降。

　　仅仅测量电导率并不能直接获得载流子浓度以及半导体类型,下面两种方法可以对这些参数进行独立测量。第一种是在第 4 章中讨论过的**霍尔效应**。霍尔系数由下式给出,对于 n 型半导体:

$$R_{\text{H}} = -1/(ne) \tag{7.15}$$

对于 p 型半导体,则为

$$R_{\text{H}} = +1/(pe) \tag{7.16}$$

当其中一种载流子占主导时,霍尔效应可以直接测量出其电荷种类和浓度,结合式(7.14),便可以计算出迁移率。事实上,对于单一载流子类型的半导体(即 $n \gg p$ 或 $n \ll p$),可得

$$\mu = |\sigma R_{\text{H}}| \tag{7.17}$$

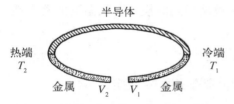

图 7.4　金属-半导体结在两个不同温度下(T_1 和 T_2)观察到的塞贝克效应

由这种方法测得的 μ 值即为**霍尔迁移率**,由于在理论推导过程中进行了一些近似,霍尔迁移率与其他方法测得的迁移率值并不完全一致。

　　另一种测量载流子类型和浓度的方法是**塞贝克效应**,这是热电偶中常见的热电现象:当两种不同材料接触的两个节点间存在温度差时会产生电势差,如图 7.4 所示的金属-半导体结的情况。这个电势差(ΔV)与金属(S_{met})和半导体(S_{semi})塞贝克系数的差值有关:

$$\Delta V = \Delta T (S_{\text{met}} - S_{\text{semi}}) \tag{7.18}$$

由于半导体的费米能级会随温度变化,其塞贝克系数通常远大于金属。如图 7.5 所示,饱和状态下 n 型半导体的费米能级由式(7.11)给出。为了简单起见,假设与半导体形成热端和冷端的金属的塞贝克系数可以忽略不计,在图 7.5(a)中,由于两端之间没有施加电压,费米能级始终保持恒定。但根据式(7.11),热端的费米能级要低于导带底,因此能带必须朝冷端向下倾斜,导带中的电子将从热端向冷端移动(金属和半导体的费米能级在任何情况下都持平,因此图 7.5 中的结本身就处于平衡状态。金属中电子能量的费米-狄拉克分布扩展到导带底之上)。为了平衡整个半导体的能带能量,必须在冷端施加一个负电位使费米能级上移,根据式(7.11)可得所需的能量变化:

$$\Delta E = -k\Delta T \ln(N_{\text{c}}/n_{\text{d}})$$

则需要施加的电势为

$$\Delta V = -(k/e)\Delta T \ln(N_{\text{c}}/n_{\text{d}}) \tag{7.19}$$

即使能带结构处于如图 7.5(b) 所示的情况,电子也不是处于完全平衡的状态,塞贝克系数中还有另外一项。半导体热端电子的平均动能要高于冷端电子,因而电子更倾向于由热端向冷端扩散。为避免这种情况,必须在结处施加一个额外电压,但该电压值的大小取决于电子迁移率随能量增加的方式,通常难以计算。然而,这个**动能项**与电子浓度无关,并且与式(7.19)表示的项具有相同的符号。塞贝克系数最终可以写成:

$$S = -(k/e)\left[\ln(N_c/n_d) + C\right] \tag{7.20}$$

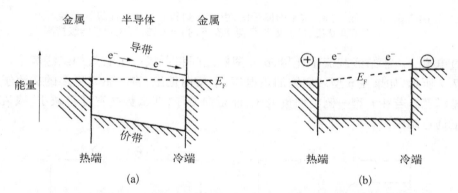

图 7.5　n 型半导体中塞贝克效应的起源。(a) 未施加额外电压时,金属和半导体费米能级持平,半导体中电子由热端流向冷端;(b) 施加电压后,半导体内导带持平

对于 p 型半导体给出了类似的计算结果,但符号相反:

$$S = +(k/e)\left[\ln(N_v/n_a) + C\right] \tag{7.21}$$

因此,塞贝克效应可以用来即时检测载流子类型,若半导体的态密度 N_c 和 N_v 已知,还可以用来测量载流子浓度。这些测试通常比霍尔效应的测试更简便,可作为掺杂半导体的常规测试手段,塞贝克系数 S 一般在 0.1~1 mV/K 范围内。

7.2.4　p-n 结

p-n 结是由掺杂半导体构成的固态电子器件的基本组成部分,如图 7.6 所示,可以通过将一种类型的掺杂剂扩散到另一种类型的半导体层中实现。如果能带是水平的[图 7.6(a)],由于两侧费米能级的差异,p-n 结不能处于平衡状态。电子将从 n 区进入 p 区,进而形成没有载流子的**空间电荷区**。电离杂质的电荷不平衡将导致能带弯曲,直至两侧费米能级持平[图 7.6(b)]。

p-n 结最简单的性质是具有**整流**特性,即在一个方向上比在其反方向更容易

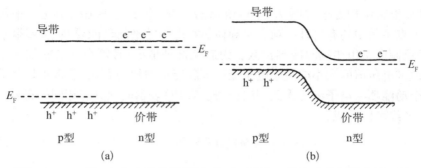

图 7.6　p-n 结。(a) 水平的能带图,由于 p 侧和 n 侧费米能级的差异而处
于不平衡状态;(b) 处于平衡状态下的 p-n 结,两侧费米能级持平

通过电流。由于结区载流子耗尽,p、n 两侧之间将形成一个有效的绝缘势垒。如
图 7.7 所示,如果在 n 型一侧施加正电压,即反向偏压,将会驱离更多的载流子使
势垒增宽。若在 n 型一侧施加负电压,即正向偏压,那么势垒宽度将减小,载流子
可能通过结区。

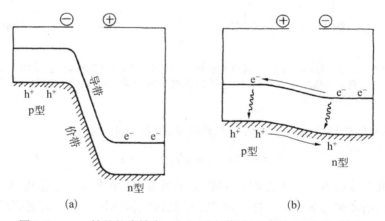

图 7.7　p-n 结的整流效应。(a) 反向偏压时,能垒和耗尽层宽度
增加;(b) 正向偏压时,载流子可以通过结区,随后与另一
种载流子复合

　　电子进入 p 型半导体与空穴复合,同样空穴也会进入 n 型一侧与电子复合。
复合过程存在以下两种机制:

　　(1) **非辐射复合**:复合时产生的能量转化为晶格振动,通常以热的形式表现出来。

　　(2) **辐射复合**:复合时发射出一个光子,该光子的能量对应于半导体的带隙宽度。

　　由掺杂硅制成的半导体器件中的复合过程主要是非辐射复合。硅是一种间接
带隙半导体材料(见 4.3.1 节),其辐射复合过程是被禁止的。但在直接带隙材料
如砷化镓和磷化镓(GaAs 和 GaP)中,会发生相当大比例的辐射复合。这类复合过

程也可以发生在杂质位点。当正向偏压下有电流通过时,p-n结可以发光,因此 p-n结可以用作**发光二极管**(LEDs)。此外,一些发光半导体结也可以作为激光光源,在这种情况下由入射光子激发电子和空穴的辐射复合过程。

太阳能电池所运用的**光生伏特效应**是发光的逆过程。能量大于半导体带隙宽度的光子可以被太阳能电池吸收并产生电子和空穴,它们的复合过程通常会非常迅速。但当光被p-n结吸收时,能带弯曲会导致电子和空穴分别沿着相反的方向移动,电子进入n型一侧,空穴进入p型一侧,从而使它们分离(图7.8)。金属电极可以收集载流子并用于电路工作。因为到达电极的每个电子和空穴都具有相同的有效能量,当p-n结中的能带弯曲达到平衡时,则没有电势产生。但为了做电功,光电池必须产生电势,这将降低结区能带弯曲的程度。只要光电池产生的电势不能完全消除分离电子和空穴所需的能带弯曲,就会有电流产生。平衡状态下n型和p型材料费米能级的差值决定了能带弯曲的程度,也决定了单个p-n结可提供的最

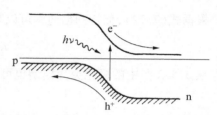

图 7.8　光生伏特效应。p-n结吸收光产生电子和空穴,并通过能带弯曲使其分离

大电压。而且半导体的带隙必须足够小才能有效地吸收光子。由于大多数到达地球表面的太阳辐射对应于不到 3 eV 的光子能量,因此只有带隙宽度小于该值的材料才能用于制备太阳能电池。目前大多数太阳能电池由硅制成,少数化合物半导体如带隙宽度为 1.8 eV 的硒化镉(CdSe)也可用于太阳能电池。

7.2.5　金属态转变

半导体器件的杂质能级在极低的掺杂浓度下可以相互分离,而在较高的掺杂浓度下,施主或受主轨道之间开始发生交叠,形成**杂质能带**。如图 7.9 所示,重掺杂 n 型半导体中的杂质能带稍低于导带底。由于每个施主原子都提供一个电子,杂质能带将处于半满状态,但这并不会直接导致材料具有金属导电性。正如第 5 章中所解释的那样,窄能带中的电子由于排斥效应而处于局域化状态。根据哈伯德模型,当杂质能带带宽(W)大于同一轨道中两个电子间的库仑排斥能(U)时,材料表现出金属行为。哈伯德库仑排斥能 U 值的大小与电子轨道大小相

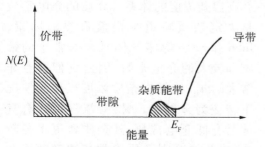

图 7.9　重掺杂 n 型半导体的态密度图,杂质能带稍低于导带底

关,带宽取决于轨道重叠程度以及能级分离的程度,而施主原子的平均分离度由其浓度 n_d 决定:

$$\langle R \rangle \approx n_d^{-1/3} \tag{7.22}$$

按照莫特的理论,当 $\langle R \rangle$ 与类氢施主基态电子的轨道半径[式(7.4)]成正比时,固体将转变为金属态。发生转变的条件为

$$\langle R \rangle \approx 4a_H$$

根据式(7.22),莫特判据通常可以写成:

$$n_d^{1/3} a_H \approx 0.25 \tag{7.23}$$

从 5.4.2 节中的极化突变模型也可以推导出类似的式子,即发生转变的条件为

$$R/V = 1$$

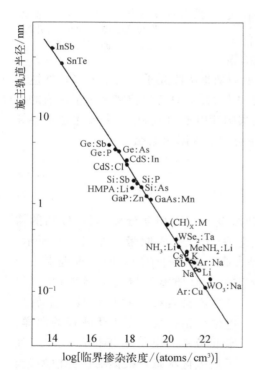

图 7.10　金属态转变所需的临界掺杂浓度与施主轨道半径估值的对数图。该直线为经验拟合的最优值(来源于 P. P. Edwards, M. J. Sienko. *J. Am. Chem. Soc.* , 1981, **103**: 2967)

而施主电子的摩尔折射率(R)与 a_H^3 成正比,摩尔体积(V)与 $1/n_d$ 成正比,因此转变条件也取决于式(7.23)左侧的乘积,但两个式子的计算结果在数值上会稍有差异。

就磷掺杂的硅半导体而言,其金属态转变所需要的磷原子浓度约为 10^{19} atoms/cm^3,或者说每 10^4 个原子中就有一个磷原子。Edwards 和 Sienko 发现莫特判据的适用范围十分广泛,如图 7.10 所示,在掺杂浓度跨度近 10^9 范围内的金属-半导体转变体系中都是成立的,如类似扩展金属和碱金属液氨溶液等高掺杂浓度的体系。介质的介电常数是决定杂质轨道半径最重要的因素,InSb 和 SnTe 等半导体具有非常小的带隙和较大的介电常数,因此它们具有非常大的 a_H,能够在杂质浓度极低的情况下转变为金属态。另外,氩气等稀有气体具有低介电常数,其杂质轨道半径较小,这些体系则需要非常高浓度的掺杂才能实现轨道之间的充分交叠,从而具

有金属传导性。基于类氢轨道的计算是否还适用于此类体系仍有待考量，但即便如此，莫特判据也可对其性质进行定性预判。

7.3　离子固体中的缺陷

离子固体如碱卤化物的介电常数通常比之前讨论的共价半导体的介电常数小。因此，电子与带电缺陷的结合更为紧密，类氢近似便不再适用。基态电子能级普遍局域在晶格缺陷附近。

7.3.1　碱卤化物的 F 心

F 心由一个卤素空位捕获一个电子构成，可以通过在碱金属蒸气中加热卤化物产生。其名称源于被束缚电子的光学吸收谱产生的颜色（来自德语"Farbe"，意思是颜色）。由于卤素空位留下净正电荷，电子将与空位结合。图 7.11 是缺陷中基态电子分布的示意图以及一些简单的近似模型。

最简单的 F 心理论模型是"**势箱中电子**"模型，假设电子完全被束缚在空位中。电子从基态跃迁到势箱中的激发态产生光吸收。精确求解球形势箱中一个电

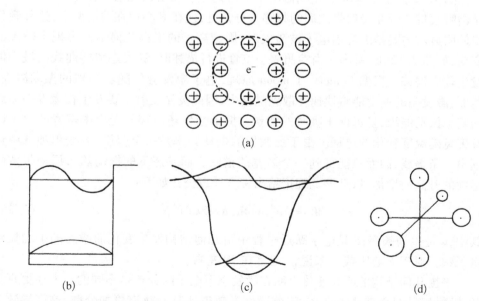

图 7.11　碱卤化物 MX 中的 F 心和一些理论模型。（a）卤素空位中基态电子密度的近似分布；（b）势箱中电子模型；（c）更真实的势阱模型；（d）空位周围的阳离子 s 轨道构成的 LCAO 波函数。基态、激发态能量和波函数如（b）和（c）所示

子的状态方程十分复杂,而立方势箱的计算过程相对简单(见第3章中的自由电子理论),能量与$1/a^2$成正比,其中a为势箱边长。事实上,各种碱卤化物中F心吸收能的经验公式近似满足:

$$E = Ca^{-1.7} \tag{7.24}$$

这与势箱中电子模型的预测值相差不大,但其差值也说明电子的确从缺陷区域发生了一定程度的扩散。具体的电子分布可以通过电子自旋共振(ESR)或更复杂的电子-核双共振技术(ENDOR)来研究。受空位周围原子的电子密度影响,谱图中会出现超精细耦合现象。以KBr中的F心为例,尽管约63%的电子密度被限制在离子第一壳层内,且前三个壳层的电子密度占据约99%,但在离空位远至离子第六壳层的原子中仍可检测到超精细分裂。

　　电子分布并非严格局限在晶格空位内,这意味着需要更加真实的模型来正确处理F心问题。图7.11介绍了两种方法:

　　(1)以离空位的距离为函数,可求解真实势阱中电子的薛定谔方程。该理论成功应用于电子分布和激发能的定量计算。

　　(2)采用LCAO方法,将缺陷波函数写为缺陷周围离子的空原子轨道的线性组合。

　　图7.12显示了KBr在不同温度下F心的吸收及发射光谱。在分子光谱学中,光谱吸收带与荧光发射带之间的频移十分常见,但在F心存在的情况下,这种频移格外明显。主要是因为当电子被激发时,周围离子的平衡几何结构出现了较大的变动,如图7.12(b)所示。当参照原子位置进行描述时,激发态势能曲线的最小值发生较大偏移。根据Franck-Condon原理,电子激发会伴随着强烈的振动激发。然而,激发态的振动能将快速耗散到晶格中,因此荧光发射主要发生在激发态曲线的基态振动能级,且远低于吸收的能量。振动激发还解释了光谱中带宽的由来以及带宽随温度变化的过程。由于受激发的振动频率是一个范围,无法单独从中识别出一条谱线,因而只能得到一个展宽的谱图。而基态下的振动热布居使带宽随温度的升高而增加,振动展宽理论给出带宽计算公式如下:

$$W \approx h\nu \left[Scoth(h\nu/2kT) \right]^{1/2} \tag{7.25}$$

其中,ν是振动频率;S是电子跃迁过程中由几何结构发生变化而激发的平均振动量子数。对于F心吸收带来说,S通常在20左右。

　　平衡几何结构的明显变化表明在激发态下电子的分布是不同的。上述更真实的势阱模型[见图7.11(c)]意味着激发态轨道比基态轨道更加分散,这就导致离子受到空位势场的强烈作用,并相应地进行空间弛豫。离子模型的计算指出:一个“裸”空位周围将发生明显的晶格畸变,可使能量降低几个电子伏特。这种空间

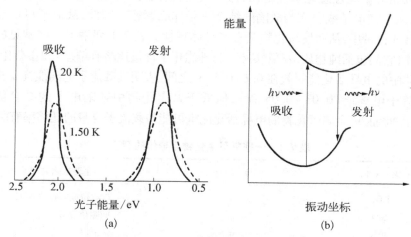

图 7.12　（a）在不同温度下 KBr 中 F 心的吸收和发射光谱（来源于 Gebhardt，
Kuhnert. *Phys. Lett.*，1964，**11**：15）；（b）基态和激发态的势能曲
线，显示吸收光谱和发射光谱之间斯托克斯位移的由来

弛豫对于形成离子晶体中的缺陷至关重要，否则就需要克服极高的能量势垒。

　　高温下 F 吸收带受到辐射时，将产生光电导性而非发射荧光，这表示处于激发
态的电子不再被束缚于缺陷位点，而是可以逃逸到晶体导带中。这个过程仅需要
相当低的热能，即激发态能级与导带底的位置十分接近。由此可知，当含 F 心的晶
体受到略高于主吸收带的光子能量的辐射时，也可以观察到光电导性。

　　F 心是碱卤化物中观察到的众多缺陷之一，更复杂情况下可能包括阳离子空
位或几个空位的聚合体，如两个（F_2）、三个（F_3）以及更多捕获了电子的卤素空位
的聚合体。另一个有趣的缺陷是 X_2^- 中心，其中 X 指卤素元素。根据 6.2.1 节的
讨论，碱卤化物极小的价带宽度表明：价带中的空穴被晶格畸变束缚，从而形成小
极化子。实际上，束缚态模型相对极化子模型更加复杂。氯离子上的空穴能够活
化氯原子，使其与相邻的氯离子结合而形成 Cl_2^-。针对此类中心的性质，研究者们
已经进行了相关的 ESR 和电子吸收光谱的研究。

7.3.2　半导体氧化物

　　MgO 等简单的氧化物中可能存在与碱卤化物中类似的缺陷。但由于氧化物具
有更高的晶格能量，相较卤化物更难产生缺陷，一般需要经过某些极端处理，如用
电离辐射轰击后才能观察到。但许多过渡金属和后过渡金属元素的氧化物在平衡
条件下具有非常高的缺陷浓度，这些缺陷的形成往往与金属离子容易被还原或氧

化导致其组分偏离理想化学计量比有关。这些氧化物具有比碱卤化物高得多的介电常数，从而使电子或空穴与缺陷的结合不是那么紧密。因此，载流子可以被热激发到导带或价带中，从而使氧化物具有半导体特性。表 7.1 列举了一些常见的氧化物半导体，它们包括纯物质（尽管实际上与理想化学计量比略有偏差）和掺杂化合物。这些固体中的电导活化能一般在 0.1~0.5 eV 之间，表明其载流子电离能高于掺杂硅中的载流子电离能（0.03~0.05 eV），但低于碱卤化物中缺陷电子的结合能（1~2 eV）。除此而外，金属氧化物的电导活化能也可能与载流子自身的迁移率有关。

表 7.1　一些常见氧化物半导体的例子

化 合 物	载 流 子	主要缺陷类型
TiO_2	n	O 空位或间隙位置 Ti
ZnO	n	间隙位置 Zn
SnO_2	n	O 空位
NiO	p	Ni 空位
Li 掺杂 MnO	p	取代 Mn^{2+} 的 Li^+
Na_xWO_3	n	间隙位置 Na
$Li_xV_2O_5$	n	间隙位置 Li
H_xMoO_3	n	取代 O^{2-} 的 OH^-

　　轻度还原的氧化物中会留下额外电子，表现出 n 型半导体特性。这一现象已经在如 TiO_2（通过在氢气中加热来实现还原）、ZnO 和 SnO_2（高温下自然轻度缺氧条件）等化合物中被发现。在较高温度下，电子可在导带中移动，但处于基态时，它们通常被束缚在晶格缺陷中。还原过程可能伴随着填隙金属原子或氧空位的产生。与在硅中引入磷的杂质能级类似，晶格中的填隙阳离子将产生正电势，将电子束缚在导带底下方的束缚轨道中。氧化物空位处的未平衡正电荷也会形成像 F 心一样的陷阱。

　　轻微的氧化过程会消除化合物中的电子，并在价带中引入可移动的空穴。以 NiO 为例，由于电子排斥效应，Ni^{2+} 的 8 个 d 电子均处于局域化状态，因此高纯度的 NiO 其实是带隙宽度为 3.8 eV 的绝缘体。但在空气中加热时，NiO 会被轻度氧化并形成一些镍空位。形成一个 Ni^{2+} 空位所引入的正电荷，需要通过将两个 Ni^{2+} 氧化成 Ni^{3+} 来补偿。在混合价态化合物中可以通过 Ni^{2+} 和 Ni^{3+} 之间的电子转移来实现导电。尽管由第 5 章可知，简单的能带理论在这里并不适用，但可以将 NiO 中的情形视为 Ni 的 d 带中空穴的运动。在基态下，静电作用使 Ni^{3+} 与 Ni^{2+} 空位的剩余电荷相邻，因此空穴被有效束缚在受主轨道中，比如硅中由Ⅲ族杂质轨道形成的受主轨道。

　　氧化物半导体的载流子类型（n 型或 p 型）可以通过多种技术进行判断，像7.2.3 节中描述的霍尔效应和塞贝克效应就已经用于氧化物载流子类型的测试。

其中,由于磁性氧化物的电子处于局域化状态,其霍尔测试结果通常难以解释,一般采用塞贝克效应来进行研究。例如,NiO 的霍尔系数在奈尔温度点附近明显变换了符号,但原因尚不清楚;而塞贝克系数在所有测试温度下均保持正值,符合 p 型半导体特性。除上述两种方法外,还可以利用光电子能谱判断载流子类型。固体中电子的结合能通常通过测量费米能级来确定,而能带相对于费米能级的位置取决于载流子的类型。图 7.13 为两种三元氧化物钛酸锶(SrTiO₃)和钒酸镧(LaVO₃)的光电子能谱。

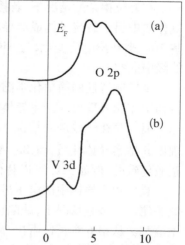

图 7.13　n 型 SrTiO₃(a)和 p 型 LaVO₃(b)的光电子能谱,显示了占据态顶部相对于费米能级的位置

其中,SrTiO₃ 为 d^0 化合物,其占据态顶部的能级由 O 2p 价带组成(见 3.4 节)。从光谱中可以看出,该能带顶部(对应于最小结合能)位于费米能级下方 3 eV 处,相当于 SrTiO₃ 的带隙宽度,且费米能级靠近导带底。从 7.2.2 节对费米能级的讨论中可以看出,SrTiO₃ 是 n 型半导体。实际上,SrTiO₃ 很容易被还原,并可能产生氧空位而引入额外电子。虽然此类施主电子的浓度低至无法从光谱中观测到,但它们对费米能级的钉扎效应仍然具有重要影响。LaVO₃ 是 $V^{3+}(3d^2)$ 化合物,由于其 3d 带宽很小,其电子也像 NiO 中的 d 电子一样处于局域化状态。在比 O 2p 能带更低的结合能处可以看到 V 3d 电子,且 LaVO₃ 的费米能级恰好位于光谱起始处,表明费米能级位于带隙底部,接近 V 3d 占据能级。因此,LaVO₃ 是 p 型半导体,通过将部分 V^{3+} 氧化成 V^{4+} 来补偿阳离子空位的影响。

判断氧化物半导体载流子类型的另一种方法是研究氧分压对载流子浓度的影响。在 n 型半导体中,低氧分压有利于氧化物发生还原反应并产生电子。因此,当温度保持恒定时,上述 n 型氧化物的电导率会随着氧压的增加而减小。p 型氧化物(如 NiO)的电导率也与固体的氧化程度有关,将随着氧压的增加而增大。

许多过渡金属氧化物也可以通过掺杂形成半导体,相关实例参见表 7.1。**氧化物青铜**就属于这一类情况,即将碱金属或氢等元素掺杂到 d^0 氧化物如 V_2O_5、WO_3 中。碱金属原子可以被看成一种晶格填隙原子,但由于青铜结构与未掺杂的氧化物结构之间可能存在较大差异,这种表述其实并不严谨。电子由掺杂剂向氧化物导带移动,在某些情况下,还可以通过高浓度掺杂形成金属晶体(例如,Na_xWO_3,$x>0.3$)。然而,低掺杂浓度下通常会形成 n 型半导体。部分电子可能被束缚在碱金属阳离子形成的势场中,但也有证据表明,在多种化合物中,小极化子的形成也是一个非常重要的影响因素。

在替位掺杂的情况下,若掺杂剂的氧化态与被取代原子的氧化态不同,则将在氧化物中引入载流子构成半导体。例如,当 Li^+ 取代 MnO 中的 Mn^{2+} 时,必须形成一些 Mn^{3+} 来补偿电荷变化,与 NiO 中的情形相似,这些 Mn^{3+} 将作为局域化的 Mn^{2+} 3d 能级中的空穴。

半导体特性的简单化学图像表明:只有在金属氧化态低于纯固体氧化态的化合物中才能表现出 n 型半导体行为;而在 p 型氧化物中,金属能够提高自身的氧化态。但也存在一些例外情况。例如,在高氧分压下制备的 $BaTiO_3$ 等 d^0 氧化物表现出 p 型半导体性质,但 Ba^{2+} 和 Ti^{4+} 均不能被氧化。这可能是由低浓度的低价态杂质导致的,例如,Al^{3+} 可以替代 Ti^{4+},额外的电子由 O 2p 价带中的空穴进行补偿。

氧化物半导体中的电子过程通常非常复杂,一直以来也受到了科研人员的广泛关注。在多数情况下,缺陷位点以及从缺陷中热电离出的自由载流子的性质均不清楚。从第 6 章可以看出,离子固体中的电子或空穴不可避免地使周围晶格产生畸变,并形成极化子。在大极化子存在的情况下,不需要活化能就能使载流子在导带或价带中移动。电导活化能仅由缺陷中载流子的电离能决定。但在其他情况下,载流子形成小极化子,则是通过活化过程来实现其在晶格间的跳跃。此时电导活化能是缺陷位点的束缚能以及与小极化子跳跃相关的活化能之和。但要区分这两项并不容易。其中一种方法是利用塞贝克系数测量载流子浓度随温度的变化关系,并与其随电导率的变化关系作对比。通过这种研究方法可以得出,p 型 MnO 中的空穴形成了小极化子,其跳跃活化能约为 0.4 eV。但在 NiO 中,其空穴迁移率似乎没有被激活,因此并没有小极化子的形成。由于这些氧化物中金属的 3d 带宽大致相同,那么其主要差异就在于 M^{3+} 位点周围离子的弛豫能,这反过来可以追溯到 MnO 中较小的高频介电常数[见式(6.4)],因此表现出比 NiO 更高的离子性。

7.4　高度无序固体

直至目前所讨论的固体,其无序性与缺陷之间存在着非常密切的联系。然而,该结论不适用于某些晶格高度无序的固体。例如,许多非晶态半导体不再具有长程有序的晶体结构。这类非晶材料的电子结构近年来被广泛研究,尽管与晶体材料的电子结构十分相似,但是仍然存在一些细微的差别。

7.4.1　非晶态半导体

硅、锗等半导体能够通过在低温表面溅射原子或硅烷热分解(SiH_4)等方法制成非晶态薄膜。尽管非晶态固体不像晶体一样长程有序,但通过衍射结果和其他研究表明,大多数非晶态原子的局部配位结构同晶体是一致的。例如,非晶硅中的大多数原子均被其他四个硅原子以四面体形式包围,但非晶硅中四面体的连接形式却不同于晶体中的硅四面体的有序连接。

　　第 3 章中提到的硅电子结构的主要特征——价带、导带和带隙,是四面体成键的结果,并不依赖于其长程有序性,因此非晶硅也可以表现出相同的特征。这个结论可以通过电子吸收谱和光电子能谱进行证明。图 7.14 比较了晶体硅和非晶硅的光电子能谱,尽管似乎非晶硅的无序结构导致了谱峰出现额外的展宽,但两个谱图仍具有相同的特征峰。虽然许多测试结果表明在非晶硅的带隙中存在低浓度的电子占据态,但非晶硅仍然属于半导体,如通过 ESR 可以检测到未成对电子,且其电导率高于纯晶体硅。这些电子可能与非晶薄膜生长过程中硅原子未能形成完美的四面体配位有关。一个三配位的硅原子含有一个**悬挂键**,这种悬挂键位于晶体表面或晶体硅受到高能辐射后产生的晶格空位上。像这种位于非键轨道的电子,其能量介于由成键轨道和反键轨道分别构成的价带和导带能量之间。有趣的是:当有氢存在时(如由 SiH_4 制备非晶硅),带隙中的电子数会大大减少。这是因为 Si—H 键能级与组成价带的 Si—Si 键能级相近,悬挂键很可能被 Si—H 键取代。

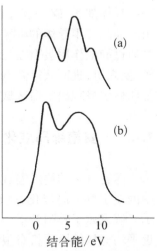

图 7.14　晶体硅(a)和非晶硅(b)的光电子能谱(来源于 L. Ley et al. *Phys. Rev. Lett.*, 1972, **29**: 1088)

　　另一类经典的非晶态半导体是**硫系玻璃**,如 As_2S_3、As_2Se_3 等化合物。在它们晶体结构的变体中,每个 As 原子与三个硫族原子成键,每个 S 或 Se 原子与两个 As 原子配位。因此,正如第 3 章中所描述的,填充的价带能级与成键轨道和非成键轨道有关,而导带与反键轨道有关。同样,非晶态的硫系玻璃具有与晶体一样的局部配位结构,因而保留了与晶体相同的基本电子结构特征。有趣的是:硫系玻璃并没有像Ⅳ族非晶态半导体一样出现悬键态。化合物中的所有原子在玻璃态时更易达到理想配位,这可能是受化合物结构的影响,但也有观点认为通过歧化反应能够使悬挂键达到稳定,即两个单填充轨道转化为一个双填充轨道和一个空轨道。

$$A \cdot + A \cdot \longrightarrow A^- + A^+$$

这种歧化反应类似于许多混合价态的化合物中发生的歧化反应,它们同样具有**负哈伯德 U**(见 6.3.3 节),且电子转移也必须通过晶格弛豫来实现。

　　这种无序结构导致非晶材料的电子迁移率通常较低,其电子性能远不如单晶,但非晶态薄膜也具有成本低廉、易大面积制备等优点。晶界丰富的多晶薄膜可用于代替非晶态固体。然而,由于晶界能够捕获电子和空穴并成为它们的复合中心,对半导体电子特性将产生不利影响。而非晶态固体可以很容易制成没有晶界的连续薄膜,从而避免了晶界对半导体电子特性的影响。

静电复印是非晶态半导体的应用之一,它被广泛应用于复印机。首先,在非晶态半导体如 Se 或 As_2Se_3 的金属衬底正面沉积一层正电荷,在室温无光照情况下,由于非晶态半导体的电导率较低,正电荷将保留一段时间。然后带负电的墨粉颗粒通过静电作用吸附在正电荷上,再转移到纸上。当半导体受到光照时,将产生电子-空穴对,进而获得光电导性。受光区域因电荷被消除而不再吸附墨粉,因而在复印件上呈现出空白区域。

7.4.2　安德森局域化

尽管电子结构的宏观特征受长程无序性的影响不大,但相较于晶体,无序固体中的电子更加局域化,这种现象被称为**安德森(Anderson)局域化**,如图 7.15 所示。假设原子阵列处于一个无序势场,那么原子轨道的能量将随机取值。具有接近平均能量的原子将有很大概率和与之能量相近的原子相邻,它们的能级相互交叠形成离域轨道;但处于极高或极低能量的原子很难找到与其能量接近的相邻原子,因而它们的轨道是孤立或局域的。图 7.15(b)表明,无序阵列产生的能带可能

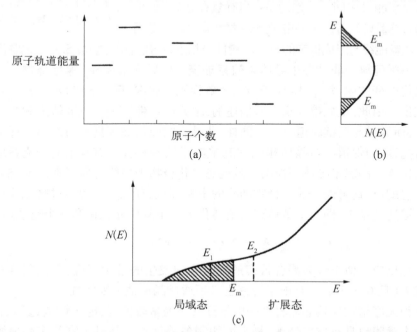

图 7.15　无序固体中的安德森局域化。(a)原子能随机取值的原子阵列;(b)态密度图,迁移率边 E_m 将带边的局域态与中心的扩展态分离;(c)当费米能级从局域态能量 E_1 通过迁移率边移动到扩展态能量 E_2 时,发生安德森跃迁

具有两类轨道：能带中间部分的电子态像晶体中一样为扩展态，而靠近能带顶部和底部的部分则局域在特定原子的附近，呈现出局域态。能带的局域态范围取决于其无序程度。在极端情况下，能带中所有的态都是局域的。

图 7.15 中局域态和扩展态的分界线被称为**迁移率边**。由于能带中填满了电子，迁移率边的存在会引起金属-绝缘体的转变，即**安德森转变**。如图 7.15(c) 所示，当只有少量电子存在时，费米能级低于迁移率边。费米能级上的电子处于局域态，因而固体不导电。当电子浓度增大时，费米能级越过迁移率边，此时电子处于扩展态，从而表现金属电导特性。

引起安德森转变的局域化效应不同于先前章节中所讨论的局域化。第 5 章阐述了电子是如何通过静电相互排斥作用实现局域化的，第 6 章讨论的是电子被自身引起的晶格畸变而束缚。而本章中引起安德森局域化的无序势场源于固体的基本结构而不是电子本身。但在真实固体中，我们很难把各种效应区分开来。安德森机制被认为是 Na_xWO_3、$La_{1-x}Sr_xVO_3$ 等氧化物发生金属-绝缘体转变的主要原因，但毫无疑问其他相互作用如小极化子的形成也是有一定贡献的。重掺杂半导体中的安德森转变最为明显，正如 7.2.5 节中讨论到的，当掺杂浓度足够高时，半导体具有金属性质。可以想象：在重掺杂 n 型半导体中，杂质能带与导带将发生明显交叠。杂质能带源于施主原子的无序排列，其接近底部的态是局域化的，迁移率边如图 7.15(c) 所示。在不改变施主浓度的情况下，通过 p 型掺杂的电荷补偿作用能够从能带中移除电子。部分电子将进入受主轨道，导带中的费米能级也将下移。补偿至特定程度，金属电导性将消失，并呈现出局域化的电子行为特征。也就是说，安德森转变只有在费米能级降至迁移率边以下时才会发生。

7.5　激发态

固体通过吸收足够能量的光子，或受到电子等带电粒子的轰击可以产生电子激发态。当辐射能量大于带隙宽度时，非金属固体中产生自由电子和空穴。然而，由于**激子**的出现，即电子和空穴仍通过静电引力结合在一起，非金属固体吸收光谱的阈值将变得非常复杂。激发态可以被看作一种**非平衡缺陷**，它们的许多性质都是与其他缺陷相互作用的结果。

7.5.1　激子

导带中的电子通过静电作用吸引价带中的空穴，类似于电子与带正电的晶格缺陷之间的相互作用，因此二者形成了束缚态，即电子和空穴通过静电吸引而紧密结合。决定其结合强度的因素与影响施主态或受主态的参数相同（见 7.2.1

节),即

(1) 介质的介电常数:介电常数越大,吸引力越弱。

(2) 电子和空穴的有效质量:有效质量越小,越难结合。

宽能带和窄带隙半导体的 m^* 值小,ε_r 值大,电子和空穴之间的结合强度非常弱,相当于电子和空穴在一个非常大的轨道半径上彼此吸引(图 7.16),这种弱束缚态被称为**万尼尔(Wannier)激子**。能量由与缺陷态相似的类氢方程给出:非束缚态激子对应的自由电子和空穴的能量等于禁带宽度 E_g,因此激子的能量为

$$E_n = E_g - \mu e^4 / (32\pi^2 \varepsilon_0^2 \varepsilon_r^2 \hbar^2 n^2) \tag{7.26}$$

其中 μ 是电子-空穴对的约化质量:

$$\mu = m_e m_h / (m_e + m_h) \tag{7.27}$$

式(7.26)中 $n=1$ 时对应最强束缚态(如 1s 轨道),有时也能观察到 $n=2$,3,…的情况,它们对应于更高的能态。

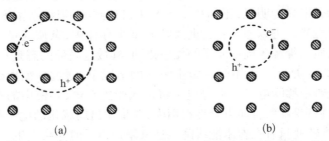

(a)　　　　　　　　　　　　　　　　(b)

图 7.16　激子。(a)电子和空穴弱结合形成万尼尔激子;(b)
紧束缚形成弗仑克尔激子,电子和空穴在同一中心

因为硅和锗是间接带隙半导体,其最低能量的跃迁是被禁止的,且只与晶格振动同时发生,因此它们在吸收过程中不产生万尼尔激子。但许多化合物半导体如 GaAs 等具有直接带隙,在吸收谱阈值处可以观察到它们的激子峰。GaAs 的光学吸收谱如第 2 章图 2.11 所示。在图 7.17 所示的 Cu_2O 光谱中可以清晰地看到万尼尔激子。Cu_2O 带隙宽度为 2.16 eV,当能量稍低于该值时,就能够看到一系列的吸收峰,它们依次对应于式(7.26)的不同 n 值。然而,这种激子结构只能在极低的温度下存在。在较高温度下,晶格振动与电子和空穴的相互作用将导致激子谱线劈裂,进而使光谱中的激子峰变宽,并合并到带间激发的带边位置。

在窄能带和低介电常数的材料中,电子和空穴的结合将更加紧密,激子的波函数也更为复杂。紧束缚态的极端情况如图 7.16(b)所示,电子和空穴处于同一原子或分子上,被称为**弗仑克尔激子**。许多分子晶体中都存在弗仑克尔激子,如蒽等芳香分子中的 $\pi - \pi^*$ 跃迁,NiO 中局域化 d 电子的配位场激发等。正如 5.1 节中

所解释的，激子的形成和电子局域化的哈伯德模型之间存在着微妙的联系。虽然我们一直在用电子和空穴来进行描述，但实际上空穴是一种虚拟粒子，代表占据轨道缺乏电子。弗仑克尔激子中电子和空穴的相互吸引作用可以看成将电子移动到另一个没有空穴的位置时所受到的额外斥力。这种电子斥力是导致 NiO 等化合物中电子局域化的哈伯德 U 值。因此通过与在基态中产生局域化 d 电子相同的相互作用可以形成激发态中的弗仑克尔激子。

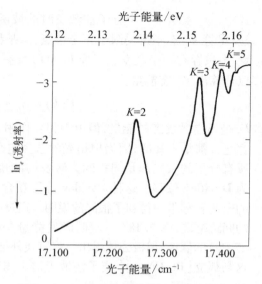

图 7.17　Cu_2O 吸收光谱中的激子峰。这个固体中 $n = 1$ 能级的跃迁是对称性禁止的（来源于 P. W. Baumeister. *Phys. Rev.*, 1961, **121**: 359）

弗仑克尔激子中的电子和空穴结合在相同的晶格位点，可以将激子看成一个整体，且以能量传递的方式在晶体中移动。晶体中的杂质可以用来捕获激子。例如，纯蒽被光激发时会产生荧光。但如果掺杂百万分之几的并四苯，那么由蒽发出的荧光则大大减少，取而代之的是由杂质产生的荧光。这表明并四苯是有效的激子陷阱，且极低的掺杂浓度意味着激子在去激发之前可以穿过上百个甚至更多的分子。引起激子移动的相互作用可能来自相邻位点轨道之间的重叠。然而，对于允许的跃迁，如 π-π* 跃迁，最重要的一项相互作用是跃迁偶极子的静电相互作用力：

$$\mu_{if} = \int \Psi_i \mu \Psi_f \tag{7.28}$$

其中，Ψ_i 和 Ψ_f 分别表示基态和激发态的波函数。偶极-偶极相互作用使激发之间发生耦合：

$$t \propto \mu_{if}^2 / R^3 \tag{7.29}$$

激发态中相邻分子间的相互作用具有比简单的激子迁移更为微妙的影响。被激发的特定分子的波函数不是整个晶体的本征函数，我们可以类比于能带理论中原子轨道的组合，写出激发态的线性组合形式。在一维情况下，每个晶胞只含有一个分子，当晶格间距为 a 时：

$$\Psi_k = \sum_n \exp(ikna)\phi_n \tag{7.30}$$

式中,ϕ_n 表示第 n 个分子被激发时的波函数,其余分子均处于基态。需要注意的是,尽管 Ψ_k 态不再局限于一个位点,从某种意义上来说是在整个晶体中离域的,但 Ψ_k 态只存在一个激发态。像 LCAO 理论一样,利用相邻激发之间的相互作用 t 可以计算出 Ψ_k 态能量:

$$E(k) = E_0 + 2t\cos(ka) \tag{7.31}$$

E_0 是孤立激发态的能量,但由于相互作用,晶体中有一条完整的激子能带。而其带宽通常都是未知的,因为根据光学选择定则 $\Delta k = 0$,只能在 $k = 0$ 时产生激子,此时所有分子的激发都是同相的。激发的能量相对于孤立分子移动了 $2t$,该移动被称为 **Davidov 位移**。这种 Davidov 位移在含四铂氰化钾离子 $[Pt(CN)_4]^{2-}$ 的化合物的电荷转移带中得到了很好的说明。通过改变晶格中的抗衡阳离子可以得到 Pt—Pt 的间距范围,图 7.18(a) 说明激发能量是随着 R^{-3} 线性变化的。这一趋势可由式 (7.29) 的偶极-偶极公式得出。将直线外推至无限远处可得到跃迁能为 44 800 cm^{-1},这与孤立 $[Pt(CN)_4]^{2-}$ 离子溶液光谱中测得的值 46 000 cm^{-1} 十分接近。

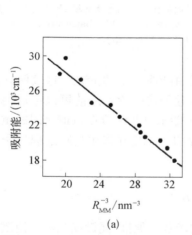
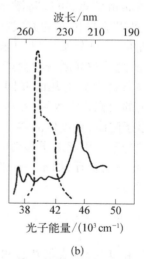

(a)　　　　　　　　　　　　　　　　　　(b)

图 7.18　Davidov 位移和分裂。(a) $[Pt(CN)_4]^{2-}$ 在各种固体中的吸附能对 Pt—Pt 间距的 -3 次方作图(来源于 P. Day. *J. Am. Chem. Soc.*,1975,**97**:1588);(b) 在溶液光谱中(---)观察到的单峰在固体蒽光谱(—)中发生分裂(来源于 L. E. Lyons, G. C. Morris. *J. Chem. Soc.*,1959:1551)

当晶胞含有两个或两个以上的分子时会产生更复杂的效应。就像能带理论中二元链的情况一样(见 4.1.3 节),每个函数 Ψ_k 都是一个晶胞内不同激发的线性组合。例如,含两个分子的晶胞的 Ψ_k 可以表示为

$$\Psi_k = \sum_n \exp(ikna)\left[a_n\phi_n^a + b_n\phi_n^b\right] \tag{7.32}$$

其中，ϕ_n^a 和 ϕ_n^b 分别为 a、b 分子在 n 位点被激发的波函数。对于每个 k 值，由于 a_n、b_n 的取值不同，则有两种可能的组合方式。特别是光谱中 $k = 0$ 的激子具有两种不同的能量状态。因此晶胞中两个分子间的相互作用将导致吸收线出现 **Davidov 分裂**。固态蒽每个晶胞中都包含两个蒽分子，从不同取向的固态蒽吸收谱中可以观测到 Davidov 分裂现象。图 7.18(b) 表明溶液光谱中的单峰在固态情况下会分裂成两个峰。

7.5.2 电子和空穴的捕获：荧光

之前提到激子可以被杂质捕获并产生荧光，自由电子和空穴也能够以同样的方式被捕获。固体表面在电子束轰击下将产生**阴极发光**现象，这种现象常用于阴极射线管（CRT）。CRT 屏的传统荧光剂是掺杂了过渡金属杂质（如锰）的硫化锌，但现有的荧光剂一般是掺杂了过渡金属或镧系元素的复杂氧化物如钇铝石榴石 $Y_3Al_5O_{12}$（YAG）。高能电子束通过在主晶格中产生二次电子或空穴而损失能量。这些二次电子或空穴又被掺杂离子捕获，使其处于电子激发态，并逐渐衰减至基态而产生辐射。

有证据表明，阴极发光材料中捕获电子和空穴的第一阶段可能是掺杂离子发生氧化态改变的氧化还原过程。例如，在镧系元素掺杂的 YAG 中，能够被氧化为 Ln^{4+}（铈和铽）或被还原为 Ln^{2+}（铕）的 Ln^{3+} 离子具有更高的捕获效率。在第一种情况中，镧系离子可能首先从价带中捕获一个空穴而被氧化。可氧化的 Ln^{3+} 在价带上方形成一个占据能级，作为空穴陷阱［图 7.2(f)］。一旦形成 Ln^{4+}，多余的正电荷就能够吸引并捕获电子，使 Ln^{3+} 处于激发态并发出荧光。同理如图 7.2(e) 所示：Eu^{3+} 能够捕获一个电子而形成 Eu^{2+}，因此在导带下方产生一个未占据态。

电子和空穴有时会被困在相距很远的缺陷中，此时通过辐射或非辐射方式复合的概率都很低。如果陷阱能足够大，那么这种"激发态"的寿命将非常长。实际上，许多矿物中存在大量以这种途径被捕获的电子和空穴，它们来源于宇宙射线或天然放射性物质的背景辐射。当升温至几百摄氏度时，电子和空穴可以获得足够多的热能使其从陷阱中逃逸出来并重新复合，所以这些固体往往表现出**热释光现象**。热释光现象的发光强度正比于受到的辐射量，因此常被用来测定陶器的年代。当陶器首次被煅烧时，所有的电子和空穴都将从陷阱中逃逸出来，就像"时钟"在此刻被重置。实验室中测得的发光强度正比于陶器在时间重置后受到的总背景辐射的能量。一旦进行测量，特定材料的感光度能够在实验室条件下进行辐射标定。为了准确测定陶器的年代，测算陶器储存或埋藏地点的辐射源强度也十分重要。

7.5.3 电子和空穴的化学反应

由电子激发态产生的光化学反应常见于气相体系和溶液之中。许多固体也会发生此类反应,其中一些还具有重大的技术意义,如多种聚合物在阳光下缓慢老化的过程。摄影技术中常见的卤化银还原过程是最重要也是研究最为广泛的固态光化学反应之一。卤化银因光还原成银的小团簇而变暗。在某些情况下,将极小的晶体掺入氧化物玻璃,这种变暗的现象是可逆的,因而可以被应用于变色镜片,它们在强光下可自动变暗,而弱光下又会变得透明。然而,在短暂曝光的过程中,暗化并不是立即就可以显现的,而是需要产生足够多的银颗粒作为随后显影剂还原卤化物反应的催化中心。

溴化银在室温下具有相当大浓度的弗仑克尔缺陷。填隙银离子在导带附近产生空的缺陷能级,作为光生电子的陷阱。在受到带隙辐射后,AgBr 中将出现一个远红外吸收带。这个能量($167\ cm^{-1}$ 或 $0.02\ eV$)对应于电子从缺陷中逃逸的电离能。填隙银离子在晶格中具有良好的移动性,一些银离子可以移至晶体表面形成更加稳定的陷阱。通过下列一系列反应(Ag_i^+ 代表一个填隙银离子)可以生成银的小团簇:

$$Ag_i^+ + e^- \longrightarrow Ag$$
$$Ag + e^- \longrightarrow Ag^-$$
$$Ag^- + Ag_i^+ \longrightarrow Ag_2$$
$$Ag_2 + Ag_i^+ \longrightarrow Ag_3^+$$
$$Ag_3^+ + e^- \longrightarrow Ag_3 \longrightarrow Ag_3^- \longrightarrow \cdots$$

AgBr 晶体表面的银团簇形成**潜像**,可以在显影过程中充当还原反应的催化剂。有效分离由辐射产生的电子和空穴在摄影过程中非常关键,4.3.1 节中简单讨论了 AgBr 的能带结构,包含以下两个有利特点:

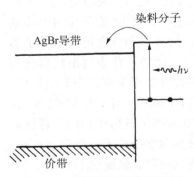

图 7.19 卤化银在摄影过程的感光机理。吸附在卤化物表面的有机分子具有高于导带能量的激发态,因此在吸收光之后,可以将电子转移到固体中

(1) 导带中 $E(\boldsymbol{k})$ 函数的弯曲程度强于价带,电子的有效质量低于空穴,电子具有良好的迁移率;而空穴很容易被晶格畸变捕获,迁移率极低。

(2) 溴化银具有间接带隙,因此电子和空穴的直接辐射复合是被禁止的。

溴化银的带隙宽度为 2.7 eV,只有光谱最蓝端的可见光才能被直接吸收。感光乳胶的光谱灵敏度通常可以通过**感光剂**拓展到更低能量。这些感光剂是有机染料分子,它们吸收的光子能量要低于 AgBr 本身吸收光子的能量。尽管感光机理尚不明确,但大多情况下涉及电子从染料的激发态向卤化银的导带转移的过程。如图 7.19 所示,注入的电子与卤化物本身吸收所产生的电子以相同的方式起作用。

7.6 表　　面

表面的电子结构决定了非均相反应中分子的吸附和反应方式,具有重要的化学意义。一些涉及电子发射和电化学反应过程的材料的电子性质都与表面效应密切相关。正因为如此,近年来表面受到了科研人员的广泛关注。由于表面电子结构本身就比较复杂,因此本节仅从几个最重要的方面展开讨论。

7.6.1 功函数

费米能级 E_F 是固体中常见的能量参考点。然而,固体之外的能量零点是**真空能级** E_v,即电子在离其他电荷无穷远处的静止能量,两种能量之间的关系可由**功函数**定义:

$$\Phi = E_v - E_F \tag{7.33}$$

如图 7.20 所示,金属的功函数是指将一个电子从固体移至真空中所需的最小能量。

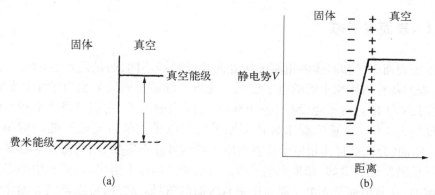

图 7.20 （a）功函数是费米能级与真空能级之差；（b）表面偶极层产生的静电势的变化。势能 V 对电子能贡献了 $-eV$ 项,从而改变功函数

金属的功函数通常在 $2\sim5\ eV$ 范围内。功函数可以近似认为是原子电离能的修正。所有元素中铯具有最小的功函数（$1.9\ eV$）。但实际上,功函数的计算非常困难,不仅仅因为必须要知道固体体相中电子的能量,而且还存在着各种各样的表面效应会使相同固体的不同晶面的功函数稍有差异。表面吸附外来原子可使功函数发生明显变化,该特征可以延伸出多种不同的应用。例如,在光电倍增管或图像增强器件中,入射光子照射到金属或半导体表面产生电子。功函数表示以这种方式可以检测到的最小的光子能量。在氧气存在的条件下,半导体上涂覆铯涂层可

以使表面功函数低至 1 eV,该能量对应于近红外光子。这些涂层含有铯的低价氧化物,如 $Cs_{11}O_3$。尽管不清楚为什么铯涂层拥有如此低的功函数,但图 7.20(b)显示了一种降低表面功函数的机制:如果吸附剂和表面之间存在电荷转移,那么将会产生偶极层,从而改变电子穿过表面所受到的静电势。这种情况下,偶极子的正电荷端朝外,表面电势的变化使电子更容易进入真空中,从而降低了功函数。

　　功函数对固体**热电子发射**也很重要,即从热表面激发热电子。热离子发射体可被用于电视显像管中的电子枪。在给定的温度下,热发射产生的最大电流密度由**理查森(Richardson)方程**给出:

$$i = AT^2 \exp(-\varPhi/kT) \qquad (7.34)$$

其中,所有金属的 A 值都大致相同。从上式可以看出,在所有温度下,功函数最低的固体具有最大的发射电流密度。最有效的热离子发射体具有氧化物涂层,如难熔金属铼上的 BaO 层。有证据表明氧化物层是由金属原子从表面向外延伸而形成的,因此如图 7.20(b)所示,表面偶极子使功函数降低。另一种有效的发射体是金属化合物六硼化镧(LaB_6)。六硼化物的电子结构在 5.2.2 节中有简要概述,但这些固体具有低功函数的原因尚不明确。

7.6.2　表面电子态

　　由于表面原子和固体体相原子所处的化学环境不同,与缺陷产生的电子能级类似,表面具有与体相不同的电子能级。光电子能谱是研究表面电子结构最重要的实验技术手段。对于能量在 10~100 eV 范围内的电子,它们在固体中的有效光程长度约为 1 nm,这意味着来自顶部原子层的电子贡献占光电子能谱的 10%~20%。然而,分离来自体相原子和表面原子的信号并不容易,因此需要通过多种方法进行辅助验证。例如,如果光电子以近掠射角从固体中射出,则体相中的光程长度将增加,从而增强了光电子能谱中来自表面的信号。此外,可以研究表面化学修饰对电子结构的影响,从而有目的地创建或消除表面态。

　　3.1.1 节强调了离子固体中马德隆势对确定价带和导带能量的重要性。表面原子具有更低的配位度,马德隆势的数值也相比体相也有所下降。这一效应本身应使表面带隙低于体相带隙,表面能级位于体相带隙内。然而实验上并没有充分的证据可以证明在平整的、无缺陷的离子固体表面上存在占据带隙态。主要原因可以归于以下几个方面:首先,最稳定表面[如 NaCl 结构的(100)立方晶面]受到的体相结构的影响最小,因而马德隆势的变化很小。先前也有观点提出尽管马德隆项很重要,但也不是决定能带能量的唯一因素,同时还需要考虑到带宽和产生电荷涉及的极化能量的影响。固体表面上这些因素的影响也会减弱,导致产生与马德隆势作用相悖的表面位移。另一个重要因素是表面原子可以在它们理想的体相位置上发生弛豫,在下面讨论的半导体中,这种弛豫可能起到稳定填充能级的作用。

就像 7.4.1 节中非晶硅的情况一样,配位数降低会在共价固体表面产生悬挂键。悬挂键作为非键能级,在体相禁带中将产生额外的附加能态,但实际情况更为复杂。大量结构研究结果表明在许多半导体表面,尤其是可能具有悬键态的表面都会发生严重的弛豫现象,甚至从理想体相位置发生重构。这主要是因为悬挂键极其不稳定,大量悬挂键的存在会导致表面原子发生移动,进而形成一个更稳定的成键结构。目前有关表面重构(如硅表面)的具体内容仍存在争议。图 7.21 是一个表面弛豫的示意简图。GaAs 等 III-V 族化合物半导体的(110)表面在带隙中具有两个态,它们本质上是与两种原子相关的悬键态。表面弛豫导致 V 族原子相对其他原子向外移动,计算表明这个过程可以稳定低能级,而使高能级变得更不稳定。尽管带隙中仍然存在表面态,但它们比在未弛豫表面中更靠近带边位置。

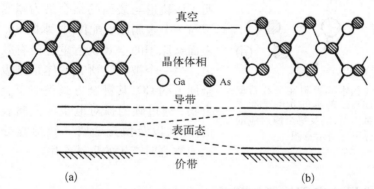

图 7.21 GaAs(110)表面结构和电子能级。(a) 未弛豫表面,表面态在带隙中的位置;(b) 弛豫表面及其对电子能级的影响

以上例子表明,清洁平整的表面上电子结构的变化通常没有理想预期的那么明显。但当材料表面非常粗糙或者存在缺陷时,电子结构则会发生显著变化。图 7.22 是高能氩离子刻蚀后的钛酸锶表面的光电子能谱。在之前图 7.13 的谱图中,费米能级和价带顶之间的带隙范围内几乎是没有信号的。而刻蚀之后的光谱图表明,带隙内出现了一个新的电子占据态。相比于其他重元素,刻蚀过程中更容易移除氧,并导致一些表面钛从 Ti^{4+} 还原至 Ti^{3+}。具有钛 3d 电子的表面态可能和类似于氧空位等表面缺陷有关,这些缺

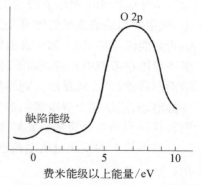

图 7.22 氩离子刻蚀后 $SrTiO_3$ 的光电子能谱。标记了带隙表面缺陷能级[与图 7.13(a)对比]

陷很有可能成为催化或其他化学过程的反应位点。

　　当原子或分子被吸附时,表面也会出现额外的电子能级。将这些吸附物能级与游离物的轨道进行比较,往往可以得到有关表面化学键的重要信息。图 7.23 中展示了水吸附在金红石型 TiO_2 上的光电子能谱。相比于在气相水中的谱图,吸附水的光电子能谱中出现了三个额外的谱峰。由于参考能级的差异(固体中的费米能级,与气相中真空能级相反),以及吸附分子电离而在固体中产生的极化,谱图中所有轨道均会发生移动。然而对应于水的 $3a_1$ 轨道的谱峰结合能相比于其他两个峰均有所增加,这种轨道稳定性表明了该轨道与表面的结合最为紧密。当水分子与一个金属原子配位时,水的 $3a_1$ 轨道是与表面钛原子的空 d 轨道重叠最有效的孤对轨道。另一个被广泛研究的体系是吸附在过渡金属上的 CO,其键合方式类似于金属羰基化合物:通过碳的孤对电子与金属表面空轨道的重叠,以及填充金属 d 轨道与分子反键 π 轨道重叠时产生的反馈作用。

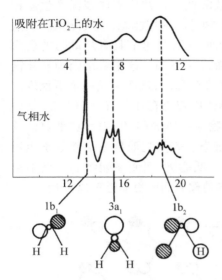

图 7.23　气相水和吸附在金红石型 TiO_2 上的水的光电子能谱对比图,以及每个峰对应的分子轨道示意图

7.6.3　半导体表面的能带弯曲

　　半导体体相中费米能级的位置通常取决于引入的掺杂能级。而在半导体表面上,则主要与缺陷或吸附物有关的表面态能量相关。由于在平衡状态下,整个固体的费米能级是持平的,那么表面能带的能量本身就存在一定的差异。图 7.24 是 n 型半导体在带隙中具有表面态时发生**能带弯曲**的示意图。电子从表面施主能级向表面态移动,形成**耗尽层**。耗尽层中存在一个由电离施主原子的额外正电荷形成的静电场,正是这个静电场引起了能带能量的偏移。下面用一个简单的计算来表明转移到表面的电荷量是如何影响能带弯曲的程度的。

　　静电势 V 的变化量由电荷密度 ρ 和介质中的相对介电常数 ε_r 通过泊松方程给出:

$$\mathrm{d}^2 V/\mathrm{d}x^2 = \rho/(\varepsilon_0 \varepsilon_r) \tag{7.35}$$

在 n 型半导体耗尽层内,电荷密度由电离杂质决定,因此

$$\rho = n_d e \qquad (7.36)$$

其中，n_d 是掺杂浓度。由于式（7.35）是一个二阶微分方程，需要两个边界条件。这两个边界条件通过测定半导体体相的电势零点［图 7.24(b)］和假设远离耗尽层处没有电场存在而确定。因此

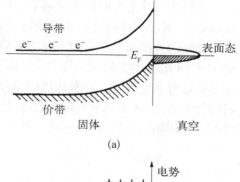

$$V = 0；\mathrm{d}V/\mathrm{d}x = 0；x > w \quad (7.37)$$

w 表示耗尽层宽度。耗尽层泊松方程的解为

$$V = n_d e/(2\varepsilon_0 \varepsilon_r)(w - x)^2 \quad 0 < x < w \qquad (7.38)$$

总的能带弯曲即为表面势能，$x = 0$：

$$V_0 = n_d e/(2\varepsilon_0 \varepsilon_r) w^2 \qquad (7.39)$$

因此，耗尽层宽度为

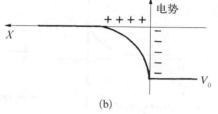

图 7.24　n 型半导体上表面态导致的能带弯曲。（a）能带能量和费米能级表示表面态；（b）电荷分布和静电势变化图

$$w = [2\varepsilon_0 \varepsilon_r V_0/(n_d e)]^{1/2} \quad (7.40)$$

从半导体中移出的电子总数等于耗尽层中的电离施主数，因而单位面积上的表面电荷（q_s）为

$$q_s = w n_d e = [2\varepsilon_0 \varepsilon_r V_0 n_d e]^{1/2} \qquad (7.41)$$

　　上述方程显示了如何通过改变表面的电荷量来控制给定半导体的能带弯曲程度和自由载流子的耗尽层宽度。对于介电常数为 10 的半导体，当掺杂浓度为 10^{17} atoms/cm^3 时，1 V 的能带弯曲对应约 100 nm 厚的耗尽层，表面电荷密度约为 10^{12} electrons/cm^2。鉴于表面原子数为 10^{16} atoms/cm^2 的量级，可以看出相当少量的表面态（如与缺陷相关的表面态）就足以引起明显的能带弯曲现象。

　　耗尽层的一个作用就是提供高的表面电阻。粉末样品的电导率测试通常取决于晶界间的表面接触，若需要测量体相电导率，该结论将不再适用。从气相中吸附分子能够改变表面态的占据情况，进而改变耗尽层的宽度。固态传感器即利用了不同的气体能够不同程度地改变电导率这一原理。例如，像 SnO_2 等 n 型氧化物暴露在甲烷等还原性气氛中，其表面电阻要低于暴露在空气中的表面电阻。这可能是因为氧的吸附作用将电子从表面移除，生成过氧化物 O_2^-，从而形成耗尽层。分子能够在表面发生催化氧化并释放电子，从而减小了能带弯曲，提高了表面的电导性。

半导体与其他介质的界面对半导体的应用至关重要。图 7.25 是一个半导体-金属界面,其中界面处的费米能级钉扎在带隙正中间(例如,两种固体之间由化学反应导致的界面态),这种情况称为**肖特基势垒**。肖特基势垒中的耗尽层也具有类似于 p - n 结的整流特性。图 7.25 表明了当 n 型半导体作为正极时,反向偏压增加了能带弯曲的程度。只有在正向偏压下,由于降低了电子从半导体流向金属所需的能量势垒,才更容易实现电荷传导。基于此效应的肖特基二极管比基于 p - n 结的二极管响应更快,常用于高频器件。

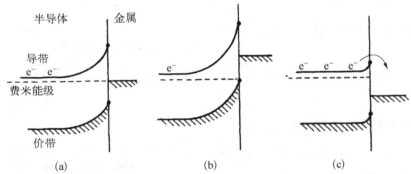

图 7.25　金属-半导体结中的肖特基势垒。(a) 平衡态;(b) 反向偏压:无电流;(c) 正向偏压减小势垒,有利于产生电流

在许多半导体器件中,半导体和金属之间有一层 SiO_2 绝缘层。$Si - SiO_2$ 界面的表面态数量非常小,Si 的费米能级可不受界面态钉扎效应的影响而发生移动。金属氧化物半导体场效应晶体管(**MOSFET**)是集成电路中最重要的开关器件之一。如图 7.26 所示,分别形成源极和漏极的两个 p 型 Si 区被 n 型材料隔离开来。

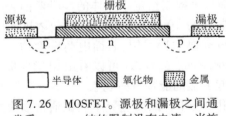

图 7.26　MOSFET。源极和漏极之间通常受 p - n - p 结的限制没有电流。当施加在栅极上的负电位能够引起足够的能带弯曲时,可形成 p 型通路,实现导电

通常情况下源极和漏极之间没有电流,因为其中一定有一个 p - n 结处于反向偏置状态。但是当对栅极施加负电位时,表面能带向上弯曲,如图 7.24 所示。对于带隙为 1.1 eV 的 Si 来说,1 eV 的能带弯曲足以将价带顶推至费米能级附近,形成具有 p 型载流子的表面反型层。因此,两个 p 型区之间有电流产生,使晶体管处于打开状态。前面提到过极少量的表面电荷就足以产生明显的能带弯曲,因而将场效应晶体管和涉及电荷分离的各种化学反应联用,就可以用来制备化学传感器。

最后一个例子是半导体电极和电解质溶液间的电化学界面。界面上半导体的带边位置通常是固定的,如肖特基势垒。通过改变半导体相对参比电极的电势可

以调节表面费米能级的位置,进而改变能带弯曲的程度。不存在能带弯曲的电势被称为**平带电势**或**平带电位**,它可以用来判断半导体价带和导带相对于溶液中氧化还原过程的能量大小。在简单的情况下,耗尽层电容是一个关于电势的函数,通过测定耗尽层电容可以得到平带电位。从耗尽层中移除的电荷量由式(7.41)得出。交流电路中测得的电容是电荷量对电势的微分,即

$$C = \frac{\mathrm{d}q}{\mathrm{d}V} = \left[\, \varepsilon_0 \varepsilon_r n_d e / (2V - 2V_{\mathrm{fb}})\,\right]^{1/2} \tag{7.42}$$

其中,V 是外加电压;V_{fb} 是平带电位。莫特-肖特基图中 $1/C^2$ 对 V 的截距即为平带电位。

半导体-电解质界面的能带弯曲在**光电化学**中极为重要。7.2.4 节阐述了太阳能电池的基本工作原理,即在光照下激发的电子和空穴被 p − n 结的能带弯曲分离。图 7.27 表明表面上的能带弯曲也会产生相同的效应。在 n 型半导体中,电子向体相迁移,空穴移至表面,并发生电化学反应,因此 n 型半导体可作为**光阳极**。而 p 型半导体中,电子迁移至表面发生反应,可作为**光阴极**。图 7.27 中两种半导体电极共同构成一个光电池,同时也可以用 Pt 等金属作为对电极。当两个电极上发生相反的氧化还原反应时,没有净化学反应发生,但仍可以像光伏器件一样产生电势。例如,以 p 型 InP 作为光阴极还原溶液中的 V^{3+} 时,该光电池的太阳能转化效率可达到 11.5%。

$$V^{3+} + e^- \longrightarrow V^{2+}$$

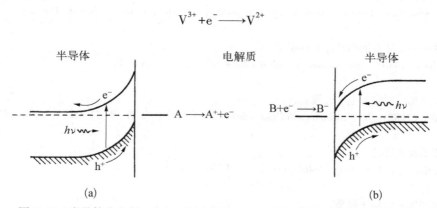

图 7.27　半导体光电极。(a) n 型光阳极。(b) p 型光阴极。吸收光产生电子和空穴,且由表面能带弯曲使电子和空穴分离

此时 Pt 对电极上发生相应的再氧化过程。想要得到一个有效的光电池,目前还有许多问题亟待解决。由于空穴能够被半导体表面捕获而产生氧化作用,如 S^{2-} 被氧化为 S 单质从而抑制了反应,所以 n 型半导体作为光阳极时极易被腐蚀。同样,由于表面态能够作为陷阱捕获载流子使其复合,进而使理想电池发生"短路",因此

去除表面态对光电池的应用也十分重要。

太阳能光电化学制氢有望成为代替光伏器件的有效途径之一。在电解水过程中,每个电子都需要克服 1.23 eV 的自由能,从理论上来说,任何带隙值大于 1.23 eV 的半导体都能用于光电化学电池。但是这个过程中涉及多种形式的能量损失,目前只有宽带隙材料如 n 型 TiO_2 和 $SrTiO_3$ 可在无辅助条件下实现光电化学水分解。当入射能量大于带隙宽度时,它们作为光阳极发生析氧反应,此时金属对电极上发生析氢反应。然而,这些氧化物的带隙宽度约为 3 eV,位于光谱可见光范围之外,因此只有极少量到达地球表面的太阳辐射能够被有效吸收,导致光电池总体的转化效率非常低。

拓展阅读

下列关于固体物理的书籍中讨论了半导体和绝缘体中的缺陷问题:

C. Kittel (1976). *Introduction to solid state physics* (5th edn), Chapter 8. John Wiley and Sons.

两本关于缺陷及其性质的书籍:

B. Henderson (1972). *Defects in crystalline solids*. Edward Arnold.

A. M. Stoneham and W. Hayes (1985). *Defects and defect processes in non-metallic solids*. John Wiley and Sons.

详述缺陷电子理论:

A. M. Stoneham (1985). *Theory of defects in solids* (2nd edn). Oxford University Press.

掺杂半导体在固态器件中的应用:

R. Dalven (1980). *Introduction to applied solid state physics*. Plenum Press.

氧化物中缺陷的电子性质:

D. Adler (1967). *In Treatise on solid state chemistry*, Vol. 2 (ed. N. B. Hannay). Plenum Press.

摄影过程详述:

F. Hamilton (1973). *Prog. Solid State Chem.* **8** 167.

无序固体的电子性质:

N. F. Mott and E. A. Davis (1979). *Electronic processes in non-crystalline solids* (2nd edn). Oxford University Press.

S. R. Elliott (1983). *Physics of amorphous materials*. Longman.

J. Robertson (1983). *Adv. Phys.* **32**, 36.

侧重催化而非电子结构的表面性质归纳:

A. Somorjai (1981). *Chemistry in two dimensions*: *Surfaces*. Cornell University Press.

和本章讨论相关的综述：

V. M. Bermudez (1981). *Prog. Surf. Sci.* **11** 1.

V. E. Henrich (1983). *Prog. Suqwrf. Sci.* **14** 175.

Yu. V. Pleskov (1984). *Prog. Surf. Sci.* **15** 401.

附　　录

我们将在附录中给出以下两个重要概念的简要数学推导过程：电子在绝对零度以上的费米-狄拉克分布和二维（三维）晶格中布里渊区的结构和性质。因此，阅读此部分需要有一定的数学基础。

A. 费米-狄拉克分布函数

玻尔兹曼分布的一般推导需要修正电子的两个特性：

（1）电子的全同性。

（2）遵循泡利不相容原理：当考虑自旋量子数时，每个状态只能被一个电子占据。

我们的推导基于**微正则系综**，即总能量 U 和电子总数 N 保持不变。假设有一组能量为 $\{E_i\}$ 的能级集合，每个能级都有一个简并度 g_i，表示可容纳的最大电子数；$\{n_i\}$ 为每个能级中的实际电子数，那么总的占据电子数表示为

$$N = \sum_i n_i \tag{A.1}$$

若电子间无相互作用，则相应的总能量为

$$U = \sum_i n_i E_i \tag{A.2}$$

该推导的目的与玻尔兹曼分布一样，是要找到最有可能的电子分布情况。假设在 g 个状态之间分配 n 个全同粒子，其排列组合总数可由二项式系数公式给出：

$$C_g^n = \frac{g!}{n!\,(g-n)!}$$

因此，实现特定分布的方法总数为

$$W = \prod_i \frac{g_i!}{n_i!\,(g_i - n_i)!} \tag{A.3}$$

采用斯特林（Stirling）近似：

$$\ln(n!) = n\ln n - n$$

于是

$$\ln W = \sum_i \left[g_i \ln g_i - n_i \ln n_i - (g_i - n_i)\ln(g_i - n_i) \right] \tag{A.4}$$

如果将占据数 n_i 的单位变化量记作 δn_i，上式可以写成微分形式：

$$\delta \ln W = \sum_i \left[\ln(g_i - n_i) - \ln n_i \right] \delta n_i$$

为了找到最可能的分布情况，需要针对这些变量取 W 的最大值，因此也要使 $\ln W$ 最大化，从而有

$$\sum_i \left[\ln(g_i - n_i) - \ln n_i \right] \delta n_i = 0 \tag{A.5}$$

同时需要满足对电子总数和总能量的约束条件，因此通过微分式（A.1）和式（A.2），得到

$$\sum_i \delta n_i = 0 \tag{A.6}$$

以及

$$\sum_i E_i \delta n_i = 0 \tag{A.7}$$

这些约束条件可以通过拉格朗日不定乘子法实现。为了满足上述三个方程，则

$$\ln(g_i - n_i) - \ln n_i - \alpha - \beta E_i = 0 \tag{A.8}$$

对于所有能级，α 和 β 的具体数值需要通过一些物理参数来确定。式（A.8）可化简为

$$\frac{g_i - n_i}{n_i} = e^{\alpha + \beta E_i}$$

重新排列上式，给出分布情况如下：

$$\frac{n_i}{g_i} = \frac{1}{1 + e^{\alpha + \beta E_i}} \tag{A.9}$$

正如玻尔兹曼分布那样，我们首先要证明 β 与绝对温度的关系。最简单的方法是设想一种极端情况，其中可用能级的数量要远远超过电子数量，因此每个能级的占据率 n_i/g_i 很小，这就要求

$$\alpha + \beta E_i \gg 0$$

或者，对于所有的 i

$$e^{\alpha+\beta E_i} \gg 1$$

然后,可以给出式(A.9)的近似形式:

$$n_i = g_i e^{-\alpha} e^{-\beta E_i} \tag{A.10}$$

这就是玻尔兹曼分布。由于玻尔兹曼分布是在能级数充足的条件下推导的,因而没有考虑泡利不相容原理。如此一来,必须有

$$\beta = \frac{1}{kT} \tag{A.11}$$

对于另一个参数 α,定义:

$$\mu = -kT\alpha \tag{A.12}$$

因此,式(A.9)给出的占据率为

$$f_i = \frac{n_i}{g_i} = \frac{1}{1 + e^{\frac{E_i - \mu}{kT}}} \tag{A.13}$$

μ 是电子的热力学**化学势**,可以通过计算系统的自由能来表示。化学过程中,通常在恒定压力下工作,并使用吉布斯自由能函数 G 来进行表述。但是假设在恒定体积下工作会更容易理解,因为能级 E_i 通常取决于体积。因此,需要计算亥姆霍兹自由能:

$$A = U - TS \tag{A.14}$$

熵通常由统计公式给出:

$$S = k \ln W \tag{A.15}$$

将式(A.13)中表示的电子占据数代入 $\ln W$ 的表达式中,经过重新整理后得出:

$$S = k \sum_i \left[g_i \ln(1 + e^{-\frac{E_i - \mu}{kT}}) + \frac{\frac{E_i - \mu}{kT}}{1 + e^{\frac{E_i - \mu}{kT}}} \right] \tag{A.16}$$

但是此求和式的第二项等于

$$k \sum_i g_i \frac{\frac{E_i - \mu}{kT}}{1 + e^{\frac{E_i - \mu}{kT}}} = k \sum_i n_i \frac{E_i - \mu}{kT} = \frac{U}{T} - \mu \frac{N}{T}$$

根据式(A.13)、式(A.1)和式(A.2)可得

$$S = \frac{U}{T} - \mu \frac{N}{T} + k \sum_i g_i \ln(1 + e^{-\frac{E_i-\mu}{kT}}) \qquad (A.17)$$

以及

$$A = N\mu - kT \sum_i g_i \ln(1 + e^{-\frac{E_i-\mu}{kT}}) \qquad (A.18)$$

最后一步是关于电子总数 N 的微分,需要注意的是 μ 本身会随 N 改变。只有第一项明确地取决于 N,因此

$$\left(\frac{\partial A}{\partial N}\right)_{T,V} = \mu + \frac{\partial \mu}{\partial N}\left[N - kT\frac{\partial}{\partial \mu}\sum_i g_i \ln(1 + e^{-\frac{E_i-\mu}{kT}})\right]$$

然而,$(\partial\mu/\partial N)$ 项可以相互抵消。这是因为

$$\frac{\partial}{\partial \mu}\sum_i g_i \ln(1 + e^{-\frac{E_i-\mu}{kT}})$$

$$= \sum_i \frac{g_i}{kT}\frac{e^{-\frac{E_i-\mu}{kT}}}{1 + e^{-\frac{E_i-\mu}{kT}}}$$

$$= \frac{1}{kT}\sum_i \frac{g_i}{1 + e^{\frac{E_i-\mu}{kT}}}$$

$$= \frac{N}{kT}$$

利用式(A.13)和式(A.1),我们发现:

$$\mu = \left(\frac{\partial A}{\partial N}\right)_{T,V} \qquad (A.19)$$

这是定容系统中化学势的定义。两相平衡的一般热力学条件表明,两相中物质的化学势必须相等。在固体理论中,电子的化学势 μ 也称费米能级,用 E_F 表示。

B. 布里渊区和倒易晶格

在第4章中提到的能带理论的 LCAO 法中,第一布里渊区(BZ)给出了产生所

有不同的原子轨道布洛赫和所需的波矢 **k** 的最小范围。同时第 4 章也指出,在自由电子模型中,布里渊区边界给出了电子波受到晶格周期势强烈扰动的 **k** 值。我们将在这里解释如何在一般的二维或三维晶格中找到布里渊区。使用 LCAO 的定义更容易做到这一点,然后展示布里渊区的自由电子特性是如何遵循该定义的。

在晶格间距为 a、原子数为 n 的一维体系中,其 LCAO 系数为

$$c_n(k) = e^{ikna} \tag{B.1}$$

如果 g 是 $2\pi/a$ 的任意倍数,即

$$g = \frac{2p\pi}{a} \qquad p = 0,\ \pm 1,\ \pm 2,\ \cdots \tag{B.2}$$

那么

$$c_n(k + g) = e^{inka + i2pn\pi} = c_n(k) \tag{B.3}$$

为了生成所有不同的 $c_n(k)$,k 需要跨越 $2\pi/a$ 的范围。对于第一布里渊区,通常采用对称的范围:

$$-\frac{\pi}{a} \leqslant k < \frac{\pi}{a} \tag{B.4}$$

以便更明显地体现 $E(k)$ 函数的对称性。

自由电子波函数为

$$\psi_k(x) = e^{ikx} = \cos(kx) + i\sin(kx) \tag{B.5}$$

在第一布里渊区边界处的 k 值给出了恰好与晶格间距匹配的正弦波和余弦波,因此出现了如第 4 章中所述的能量分裂。当 k 为 π/a 的整倍数时,能量分裂的情况同样会发生。

$$k = \pm \frac{p\pi}{a} \qquad p = 1, 2, 3, \cdots \tag{B.6}$$

式(B.6)进一步定义了布里渊区边界,如图 B.1 所示,以第一布里渊区作为 k 的基本范围,绘制所有能带结构。在近自由电子理论中,所有的 k 值都被移到该范围中。

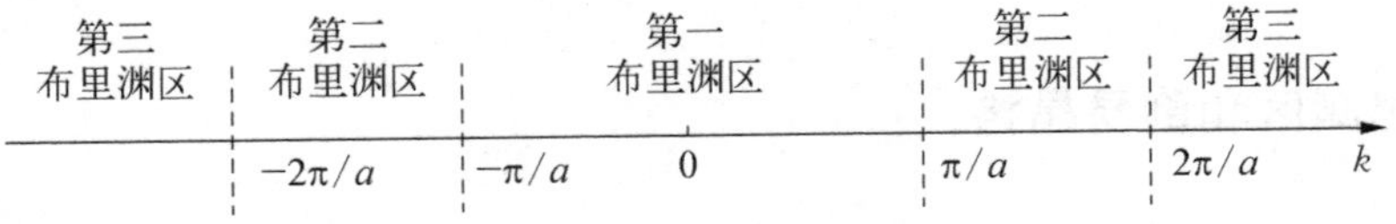

第三 布里渊区	第二 布里渊区	第一 布里渊区	第二 布里渊区	第三 布里渊区
	$-2\pi/a$	$-\pi/a$　　0	π/a	$2\pi/a$　　k

图 B.1　一维晶格的布里渊区

现在我们把上面的论证(即第 4 章的总结)扩展到二维晶格。一个原胞由两个矢量 $\boldsymbol{a}$ 和 $\boldsymbol{b}$ 定义,因此任意晶格点的位置标记为(m, n):

$$\boldsymbol{r}_{m, n} = m\boldsymbol{a} + n\boldsymbol{b} \tag{B.7}$$

二维自由电子函数为

$$\psi_k(\boldsymbol{r}) = \mathrm{e}^{\mathrm{i}k \cdot r} \tag{B.8}$$

以此类推,LCAO 理论中的布洛赫和为

$$\psi_k(\boldsymbol{r}) = \sum_{m, n} c_{m, n}(\boldsymbol{k})\chi_{m, n} \tag{B.9}$$

其中

$$c_{m, n}(\boldsymbol{k}) = \mathrm{e}^{\mathrm{i}k \cdot r_{m, n}} \tag{B.10}$$

现在考虑如何选择矢量 $\boldsymbol{g}$,使得对于所有的 m、n:

$$c_{m, n}(\boldsymbol{k} + \boldsymbol{g}) = c_{m, n}(\boldsymbol{k}) \tag{B.11}$$

必须有

$$\mathrm{e}^{\mathrm{i}g \cdot r_{m, n}} = 1 \tag{B.12}$$

或者

$$\boldsymbol{g} \cdot \boldsymbol{r}_{m, n} = 2p\pi \tag{B.13}$$

其中 p 是整数。如果 $\boldsymbol{g}$ 是选定的某两个矢量 $\boldsymbol{A}$ 和 $\boldsymbol{B}$ 的整数组合,则可以满足该等式,即

$$\boldsymbol{A} \cdot \boldsymbol{a} = \boldsymbol{B} \cdot \boldsymbol{b} = 2\pi$$
$$\boldsymbol{A} \cdot \boldsymbol{b} = \boldsymbol{B} \cdot \boldsymbol{a} = 0 \tag{B.14}$$

若

$$\boldsymbol{g} = h\boldsymbol{A} + k\boldsymbol{B} \tag{B.15}$$

则有

$$\boldsymbol{g} \cdot \boldsymbol{r}_{m, n} = (h\boldsymbol{A} + k\boldsymbol{B}) \cdot (m\boldsymbol{a} + n\boldsymbol{b}) = 2\pi(hm + kn) \tag{B.16}$$

$\boldsymbol{A}$ 和 $\boldsymbol{B}$ 称为**倒易矢量**;$\boldsymbol{g}$ 是**倒易晶格**上的一个点。在晶体学中,通常省略 2π 因子。但是,此处给出的定义是在能带理论中的常用定义。

图 B.2 是对应于三个不同实空间的倒易晶格的例子。对于边长为 a 的正方形晶格,倒易晶格是边长为 $2\pi/a$ 的正方形。在矩形情况下,对应长宽尺寸分别为 a

和 b 的实空间晶格,倒易晶格的边长分别为 $2\pi/a$ 和 $2\pi/b$。当 a 和 b 有倾角时,倒易矢量 A 将始终垂直于基矢量 b,而倒易矢量 B 将始终垂直于基矢量 a,这可以从六边形晶格的实例来说明,图 B.2 中绘制的基矢为

$$a = \left(\frac{\sqrt{3}\,a}{2}, \frac{a}{2} \right),\ b = (0,\,a) \qquad (B.17)$$

相应的倒易矢量为

$$A = \left(\frac{4\pi}{\sqrt{3}\,a}, 0 \right),\ B = \left(-\frac{2\pi}{\sqrt{3}\,a}, \frac{2\pi}{a} \right) \qquad (B.18)$$

并给出如图所示的六边形晶格。

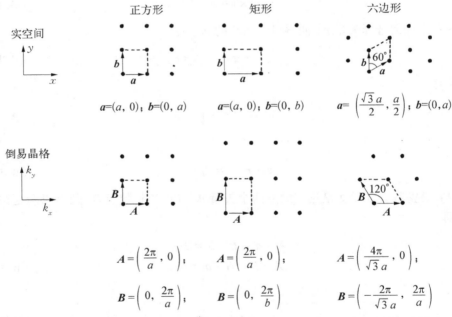

图 B.2　实空间和倒易晶格。图中展示了正方形、矩形和六边形晶格的基矢和晶胞

g 的等式表明,如果 k 随着倒易晶格矢量改变,则布洛赫和中的 LCAO 系数将保持不变。因此,要生成所有不同的布洛赫和,只需要在倒易晶格的一个晶胞中取 k。以顶点为原点的一般晶胞不能反映晶格或 $E(k)$ 函数的对称性。因此,我们将倒易空间的维格纳-塞茨原胞作为第一布里渊区。这是该原胞原点与所有相邻倒易晶格点连线的垂直平分线所包围的区域。尽管以这种方式在正方形和矩形晶格中得到的布里渊区还是正方形或矩形的,但在许多晶格中,其布里渊区形状通常与

绘制的原胞不同。六边形晶格的布里渊区是一个六边形,如图 B.3 所示。维格纳-塞茨原胞的结构表明,每个格点都可以被一个相同的原胞所包围,进而填充整个平面。因此,尽管排列方式可能不同,维格纳-塞茨原胞包含与一般晶胞相同的面积。

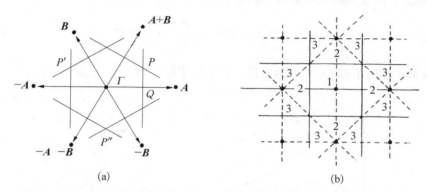

图 B.3　二维布里渊区的构造。(a) 六边形晶格,显示了根据图 B.2 的基矢量标记的相邻格点的倒易矢量以及六边形的布里渊区;(b) 正方晶格,绘制了更多布里渊区边界

图 B.3 中的六边形布里渊区使用了第 4 章中所使用的 P 点和 Q 点来讨论石墨的能带结构,所给的 k 值可以从先前显示的倒易晶格矢量中求出,图中的 P' 点和 P'' 点可以由 P 通过倒易晶格矢量求得。由此可知,在这三个具有不同波矢 k 值的点上,布洛赫和是相同的。从石墨 P 点的轨道可以看出,该函数具有三重对称性,如第 4 章图 4.26 所示。

如图 B.3 中的正方晶格,可以通过将垂直平分线延伸到更远的倒易晶格点来扩展布里渊区。这就定义了更高的布里渊区,在图中标记为 2,3,…。在自由电子理论中,落在这些布里渊区的波矢 k 都能被移到第一布里渊区中,因此可以在第一布里渊区中绘制所有的能带结构。

现在我们说明上述构造的布里渊区将如何与晶格周期势中近自由电子行为产生联系。当半波长的整数倍恰好等于相邻两组晶列的间距时,就会产生强烈的扰动。k 和波长之间的关系表明,当 k 的分量 k_n 垂直于晶向并满足下列表达式时,将发生上述情况:

$$\frac{\pi}{k_n} = d \tag{B.19}$$

其中 d 是晶列间距。

二维晶格中的晶列可以用米勒指数 (h, k) 描述,它表明在点 a/h 和 b/k 处与晶轴相交。图 B.4(a) 为晶列 $(1, 2)$ 的例子。与晶列 (h, k) 同向的矢量为

$$v = \frac{a}{h} - \frac{b}{k} \tag{B.20}$$

因此,对于上面定义的倒易晶格矢量 g 有

$$g \cdot v = (hA + kB) \cdot \left(\frac{a}{h} - \frac{b}{k} \right) = 0 \tag{B.21}$$

这表示倒易晶格中点 (h, k) 的矢量与实空间中的晶列 (h, k) 垂直。

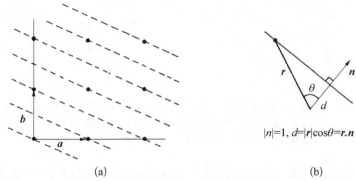

$$|n|=1, \ d=|r|\cos\theta = r \cdot n$$

(a)　　　　　　　　　　　　　(b)

图 B.4　二维晶格中的晶列。(a) 绘制的晶列在 a 和 $b/2$ 处与轴相交,
　　　　对应于米勒指数 $(1, 2)$;(b) 等式 $n \cdot r = d$ 的图示,其中 r 是
　　　　一个与晶列距离为 d 的点到晶列上任一点的矢量,n 是垂直
　　　　于晶列的单位矢量

下一步是将 g 的长度与相邻 (h, k) 晶列之间的距离 d 相关联。假设 n 是垂直于该晶列的单位矢量,r 是从原点到晶列上任意位置的矢量,则图 B.4(b) 所示的结构表明:

$$n \cdot r = d \tag{B.22}$$

我们选择 r 作为一组晶列上的一个点,如 a/h。由于 g 垂直于该晶列,因此对应的单位矢量 n 为 $g/|g|$,其中 $|g|$ 是 g 的长度,则

$$\frac{g}{|g|} \cdot \frac{a}{h} = d$$

或者,根据 A 和 B 的定义:

$$d = \frac{1}{h|g|}(hA + kB) \cdot a = \frac{2\pi}{|g|} \tag{B.23}$$

因此,不仅倒易晶格矢量 (h, k) 与实空间晶格的晶列垂直,而且此矢量的长度与

晶列间距成反比。

让我们回到上面给出的布里渊区,其每个边界都对应于某个倒易晶格矢量 g 的垂直平分线。因此,如果 k 位于布里渊区边界,则其在 g 方向上的分量为 $|g|/2$。由于我们已经证明 g 垂直于上面给出的间距为 d 的晶列,因此可以看到 k 垂直于该晶列的分量为

$$k_n = \frac{|g|}{2} = \frac{\pi}{d} \tag{B.24}$$

这是与晶格进行强相互作用的条件。

关于二维情形的详细论述也能拓展到三维空间。现在,晶格由三个基矢 a、b 和 c 来描述。通过以下条件定义倒易矢量 A、B 和 C:

$$A \cdot a = B \cdot b = C \cdot c = 2\pi$$
$$B \cdot a = C \cdot a = A \cdot b = \cdots = 0 \tag{B.25}$$

通过向量方程组可得

$$A = 2\pi \frac{b \times c}{a \cdot b \times c}$$
$$B = 2\pi \frac{c \times a}{a \cdot b \times c}$$
$$C = 2\pi \frac{a \times b}{a \cdot b \times c} \tag{B.26}$$

现在则是通过绘制原点到相邻倒易晶格点连线的垂直平分面来构造布里渊区。如图 B.5(a) 所示,在简单立方晶格中,倒易晶格也是立方形,间距为 $2\pi/a$。第一布里渊区是围绕原点的一个立方体,下式给出了 k 值的范围:

$$-\frac{\pi}{a} \leq k_x, k_y, k_z < \frac{\pi}{a} \tag{B.27}$$

f.c.c. 点阵稍微复杂一些,图 B.5(b) 中显示了原始基矢,它们分别是

$$a = \left(\frac{a}{2}, \frac{a}{2}, 0\right), b = \left(0, \frac{a}{2}, \frac{a}{2}\right), c = \left(\frac{a}{2}, 0, \frac{a}{2}\right) \tag{B.28}$$

接着找到各自的倒易晶格矢量:

$$A = \frac{2\pi}{a}(1, 1, -1), B = \frac{2\pi}{a}(-1, 1, 1), C = \frac{2\pi}{a}(1, -1, 1) \tag{B.29}$$

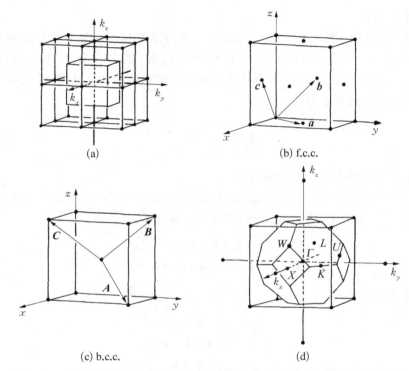

图 B.5　三维空间中的布里渊区。(a) 简单立方晶格的布里渊区;(b,c):
　　　　f.c.c. 晶格和 b.c.c. 晶格的原始基矢量;(d) 由倒易 b.c.c. 晶格构
　　　　造的 f.c.c. 晶格的布里渊区

　　图 B.5(c) 显示了 b.c.c. 晶格中的基矢。通过绘制垂直于从原点到原点附近
的 14(=6+8) 个矢量的平面,可以得到第一布里渊区。如图 B.5(d) 所示,该区域
是一个在第 4 章中出现过的截角八面体,图中还使用了一些在能带结构图中代表
不同 k 值的常规符号。

拓展阅读

　　一系列晶体结构布里渊区的构造以及群论在固体电子波函数对称性中的应用,请参见:

H. Jones (1975). *The Theory of Brillouin zones and electronic states in crystals* (2nd edn). Norlh-
　　Holland.